패션 스타일링

NCS(국가직무능력표준)의
능력단위를 기반으로 한 패션 스타일링

Fashion Styling

패션 스타일링

윤미경 · 장안화

수 학 사

패션은 점점 다양하고 개성 있게 변화한다. 하지만 그 속에도 패션 트렌드를 이끄는 주도적 흐름은 존재한다. 트렌드의 흐름을 반영한 패션은 자신을 표현하는 중요한 커뮤니케이션 요소이다. 자신이 가진 이미지를 긍정적으로 표현해 주고 자신의 가치를 높여서 대인관계를 성공적으로 이끄는 도구 역할을 하기도 한다.

이처럼 현대사회에서 패션은 전략적 수단으로 여겨진다. 그런 만큼 각각의 패션 아이템을 활용하여 감각적인 자기표현을 완성하는 스타일링의 중요성 또한 어느 때보다 높아졌다. 더불어 패션 스타일링 관련 직종 또한 다양화되고 있다. 따라서 패션 스타일링과 상품 설명회에 대한 지식과 실질적 활용 방법을 전달하여 패션산업계와의 갭을 줄이고 취업과의 연계성을 고려하여 이 책을 발간하게 되었다.

이 책의 구성은 크게 2개의 파트와 부록으로 이루어져 있다.

Part 1은 패션 스타일링의 기초에 대한 내용을 다루었다. 패션 스타일링의 기본 개념과 아이템 스타일링, 디테일 스타일링 등 다양한 패션 스타일링 기법을 쉽게 소개한다. 합리적인 스타일링을 통해 다양한 체형의 약점을 보완하고 개성을 표출하는 스타일링 방법을 구체적으로 제안하고 있다. 또 다양한 스타일링 기법들을 이미지로 제시하여 이해를 도왔다. 다양한 이미지와 적절하게 정리한 표들은 전공자뿐만 아니라 스타일링에 관심 있는 누구에게나 실질적으로 활용할 수 있는 좋은 자료가 될 것이다.

Part 2는 패션 상품 설명회에 관한 내용이다. 패션 업체가 다음 시즌에 출시할 신상품의 상품 설명회를 준비하고 진행하는 방법부터 상품 스타일링 제안과 광고업무까지를 총괄적으로 다루고 있다. 즉, 상품 설명회를 위해서 필요한 상품 설명서를 제작하는 방법, 다양한 상품 스타일링을 제안하고 그 상품에 대한 광고 콘셉트를 제안하는 방법까지의 전 과정을 단계별로 설명하며, 패션 상품의 가치와 패션 상품 매장의 매출을 높일 수 있는 코디네이션도 제안하고 있다.

부록은 꼭 알아 두어야 할 패션 관련 용어와 패션 스타일리스트 필기 시험 문제를 수록하여 활용도를 높였다.

이 책은 의상, 패션 관련학과 전공자들은 물론 패션 스타일리스트를 희망하거나 스타일리스트 이론 시험을 준비하는 사람들의 교재로 사용할 수 있다. 뿐만 아니라 스타일링에 관심 있는 일반인에게도 세련된 스타일링 연출을 위한 실제적인 입문서가 될 수 있도록 쓰었다. 이를 위해 국내외의 여러 자료들을 참고했으며, 학생들을 지도하고 실습하면서 얻은 노하우와 축적된 자료가 큰 밑거름이 되었다. 특히 실제 학생들의 작품을 실어서 실질적인 도움이 될 것으로 기대한다.

이 책이 나오기까지 자료 수집과 내용 작성에 도움을 주신 분들, 출판을 도와주신 수학사 이영호 사장님과 직원들에게 감사를 드린다.

윤미경, 장인화

차례

PART 01

패션
스타일링의
기초

CHAPTER 1

패션
스타일링

1/ 패션 스타일링의 개념

1) 패션 스타일의 의미

　스타일링을 세련되게 하려면 그 시대의 유행과 사람들이 어떻게 입고 다니는지 아는 것이 도움이 된다. 패션업계 동향을 여러 정보자료와 트렌드로 분석해보면 여전히 캐주얼이 대세이다. 또 정형화되지 않은 스타일링, 디테일 등이 많이 보이며 풍성하고 긴 소매나 길이감 등 맥시멀리즘의 정점에 있다. 로맨틱한 플로럴 프린트의 블라우스와 원피스가 유행하며 선글라스가 액세서리 역할을 한다. 요즘 소비자들은 감성적이고 성적 정체성보다는 자기표현에 집중하며 자신이 남에게 어떻게 보이는지에 대해 관심을 가진다. 다소 사치스럽게 보여도 남에게 인정받고 싶어 하는 욕구가 크다. 스타일은 형태, 유형 등을 가리키며 넓게는 예술의 표현 양식이나 의복과 헤어가 다른 것과 구별이 되는 특정한 형식, 맵시 등을 의미하고 용모나 자태도 포함된다.

　패션 스타일링은 사전에 '특정 스타일에 맞춰 장식하기'라고 되어 있다. 토털 코디네이션으로서의 스타일링은 의복을 포함하여 헤어, 메이크업, 액세서리까지 모든 아이템이 서로 믹스, 매치되어 착용자의 이미지가 돋보이도록 연출하고, 새롭거나 개성 있는 취향이 녹아들게 한 것이다. 업체에서 스타일링의 기본 방향을 설정하기 위해서는 디자인, 콘셉트, 착용자의 이미지, 직업, 역할, 경제적 여건 등을 고려하여, 시즌 트렌드와 아이템 간의 조화를 만족시키기 위한 협의가 이루어져야 한다. 스타일링은 통일감과 균형감 또는 포인트를 가진 연출을 통해 새롭게 원하는 이미지를 창출하는 데 의미가 있다.

자기만의 스타일이 있는 사람은 자신감에 차 있고 당당하다. 코코 샤넬이 "패션은 지나가도 스타일은 남는 것"이라고 했듯이, 패션 스타일링은 여성이 체형이나 사이즈, 나이와 관계없이 아름다울 수 있다는 것을 의미하며, 스타일이란 자신의 감각 표현이자 개인의 취향이며 나를 드러내는 것이다.

2) 패션 스타일리스트의 이해 및 실무

패션 스타일리스트는 여러 사람과 같이 모여 일하는 조직의 한 사람이다. 전문 패션 스타일리스트가 되려면 열정을 가지고 적극적으로 유행의 흐름을 파악할 줄 아는 기획력은 물론 패션 아이콘을 찾아낼 수 있는 센스와 통찰력이 필요하다. 그리고 조직원들 사이에서 순조롭게 업무를 진행하고 효율성을 높이기 위해서는 철저한 시간 관리와 사회성, 성실성은 기본이고 타인이나 관련 부서와의 소통도 원만해야 한다. 항상 패션 정보와 트렌드를 제시하며 자신의 스타일링에 신뢰감을 줄 수 있도록 노력하고 긍정적인 이미지와 자기 통제, 개발 등이 요구된다.

패션 스타일리스트는 업무를 하기 전 먼저 목표를 설정한다. 관계자들이 모여 기획 의도를 파악하고, 콘셉트 회의를 거쳐 파트별로 시장조사를 한다. 트렌드 조사는 물론 패션 정보를 수집하고 분석하여 목표에 부합되게 활용한다. 그 후 구체적으로 콘셉트를 설정하여 각각의 스타일링을 선정하고 이미지 맵 작성을 통해 직접적인 스타일링에 접근한다. 그 다음은 디자인 스케치를 하고 의상 제작에 들어간다. 주로 전문 제작 업체에 의뢰하며 일부는 리폼하거나 구매, 협찬을 받는다. 스타일리스트의 역량에 따라 일의 진행 정도가 다르므로 신뢰를 바탕으로 많은 협찬사와 좋은 관계를 유지하여야 한다. 의상이 준비되면 착용·평가를 거쳐 수정, 보완하고 피드백을 통해 좋은 스타일링이 나오도록 최선을 다한다.

2 / 패션 스타일리스트의 업무 분야별 역할

1) 드라마 및 영화 스타일링

패션 스타일리스트는 패션과 관련이 있다면 어느 분야라도 필요하지만, 시각적 뷰 view가 매우 중요한 미디어 분야는 반드시 필요하다. 아이콘으로 상당한 영향력을 가지며 패션에 대한 많은 정보를 전달하고 노출함으로써 발생하는 효과는 매출 증가라는 기업의 궁극적 목적을 달성하게 해준다.

이 분야의 패션 스타일리스트는 극 중 캐릭터 분석, 심리 상황 등 세밀한 요소를 전달해야 하므로 시놉시스를 분석하고 제작자의 의도를 파악하여 연출자와 시청자, 관객의 타당한 감성 공유를 위해 시공간적 배경에 맞는 스타일링을 전개해야 한다.

2) 가수 스타일링

현대의 가수는 가창력만큼 비주얼도 중요하다. 관객은 가수에게 시청각의 공감각적 만족을 동시에 요구한다. 그러므로 대부분의 스타일리스트는 가수가 활동하는 동안 패션을 담당한다. 가수 스타일링은 가수의 외적인 특성과 음악 장르나 이미지에 맞는 스타일링을 음악이나 무대가 바뀔 때마다 제시하여야 한다. 물론 가수의 호흡과 동작에 무리가 없어야 하며 그룹일 경우 각각의 개성에 맞으며 전체적인 테마에 부합해야 한다. 백댄서도 같은 콘셉트로 조화를 이루도록 연출한다.

| 드라마 스타일링　　　| 가수 스타일링

3) 무대 공연 스타일링

뮤지컬, 연극, 오페라, 콘서트, 서커스 등 관객을 직접 만나는 공연 분야에서 활동하는 스타일리스트의 역할은 작품 고유의 콘셉트에 맞는 예술적 표현과 연출자의 의도에 부합하는 극 중 캐릭터를 스타일링하는 것이다. 무대의상은 주로 제작하지만, 협찬을 받거나 기성품을 사기도 하고 재활용을 하기도 한다. 공연은 드라마나 영화와 달리 현장감 있는 연기와 연주가 직접 관객에게 전달된다. 그런 만큼 조명에 비친 컬러를 고려하며 신중한 캐릭터 분석과 인물의 심리 변화에 따른 스타일 제시가 필요하다. 또한 자주 갈아입어야 하므로 입고 벗기와 움직임이 편해야 하고, 봉제가 튼튼해야 한다.

4) 패션쇼 스타일링

패션쇼는 본래 매스컴 관계자나 바이어에게 신제품을 보여 광고 및 주문을 받기 위한 것이었으나 현대에는 일반 대중을 위한 문화공연으로도 활용되고 있다. 패션쇼에서 스타일리스트는 디자이너나 연출자와 상의하여 콘셉트를 정하고 그에 맞는 의상을 선택하고 스테이지에 따라 테마를 정해 액세서리와 헤어스타일, 메이크업을 총체적으로 스타일링하는 역할을 한다.

5) 어패럴 및 유통 스타일링

패션 업체의 스타일리스트는 상품 기획안과 자사의 정책을 기초로 스타일을 파악하

▌ 공연 스타일링

▌ 패션쇼 스타일링

▌ 유통 스타일링

여 상품성 있는 제품을 만들어내는 데 관여한다. 이들은 여러 파트의 업무가 같은 콘셉트로 일관성 있게 진행되도록 조정한다. 우리나라의 경우 전문 스타일리스트는 그다지 많지 않으며 대개는 기획실, 디자인실의 상급자들이 총괄적으로 관여한다.

6) 광고 스타일링

광고 스타일리스트는 TV 광고, CF 제작 모델 스타일링, 제품 포스터의 콘셉트에 맞는 패션을 담당하며 상품 인지도와 광고에 대한 기여도를 높여 잠재 소비자에게 판매를 유도할 수 있는 판매 촉진 역할을 한다. 이들은 광고 콘셉트에 관해 상의한 후 의상, 헤어, 메이크업 등은 물론 촬영에 필요한 소도구를 준비한다.

7) 퍼스널 스타일리스트

현대로 올수록 비주얼을 중시하는 개개인의 이미지 메이킹이 점차 중요시되고 있기 때문에 일부는 전문가에게 스타일링의 도움을 받기도 한다. 퍼스널 스타일리스트들은 개인의 신체나 피부 톤에 맞춰 의상은 물론 헤어스타일, 메이크업까지 조언하여 상황에 맞는 스타일링을 제안해준다. 퍼스널 스타일리스트와 유사한 업무를 하는 퍼스널 쇼퍼가 있는데 이들은 고객이 원하고 만족할 수 있는 스타일링을 제안하며 그에 적합한 상품을 선택할 수 있도록 조언한다.

CHAPTER 2
아이템 스타일링

　베이직한 아이템은 어떤 상황에서도 기본적이고 무난하게 세련된 스타일링을 할 수 있다. 이탈리아 경제학자 빌프레도 파레토Vilfredo Pareto는 인구 20%가 전체 부의 80%를 차지하고 직원의 20%가 80%의 업무를 해결한다는 80대 20 법칙을 주장하였는데, 패션 스타일에서도 약 20%의 베이직 아이템이 80%의 스타일을 결정하며, 그때그때 유행 아이템을 상황에 맞춰 보완하면 다양한 스타일링을 즐길 수 있다.

1/ 티tee셔츠

| Basic

흰색, 멜란지 그레이, 검정색의 라운드 네크라인 티

　위의 기본 컬러는 모노톤으로 서로 잘 어울리지만 블루 계열, 금속 계열 컬러도 매치가 잘된다. 검정 무지 또는 골지로 된 탱크 톱, 폴로 셔츠, 하이넥 톱 등을 면이나 면 스판, 기능성 면 등의 소재로 하면 쾌적하고 세탁이 용이하다.

| Styling Point

티tee셔츠는 다른 의복과 코디하기가 쉽고 편하게 착용할 수 있는 아이템으로 소재와

▌라운드 네크라인   ▌뷔스티에 톱   ▌스트라이프 라운드   ▌후드 티

두께에 따라 사계절 모두 입을 수 있다. 티셔츠끼리 겹쳐 입거나 대비색상이나 유사색상으로 조합하여 변화를 줄 수 있다.

- 스포티하고 헐렁한 티셔츠는 타이트한 팬츠, 레깅스, 미니스커트 등과 매치하고 여기에 롱 앤 쇼트 재킷, 플랫, 스니커즈 등을 스타일링하면 대비가 되어 잘 어울린다.
- 비치는 티셔츠 속에는 검정과 같은 브라 톱을 입어 은근한 멋을 표현한다.
- 얇은 티셔츠는 슬림하게 몸매를 드러내고 소재를 면 혼방이나 레이온 등으로 하면 자주 세탁해도 물성이 좋고 가격 부담이 적어 실용적이다.
- 와이드 팬츠나 폭이 넓은 스커트는 티셔츠를 허리 속으로 넣어 벙벙하지 않게 하거나 크롭 톱으로 짧게 입어 날씬한 허리라인을 강조한다.
- 오프 숄더 탑은 시원하면서 섹시하고 몸매를 드러낼 수 있어 여름철에 좋다.

2/ 셔츠·블라우스

▌Basic

심플한 디자인에 허리라인이 약간 드러나는 몸에 잘 맞는 흰색이나 밝은 블루셔츠

조직이 치밀하고 고급스러운 면이나 면 혼방 소재로 된 부드러운 흰색 컬러의 기본 디자인 셔츠는 우아하고 지적이며 시크하고 모던하여 슈트, 예복, 재킷, 블루진 팬츠, 타이트스커트 등 대부분 아이템과 잘 어울린다. 겉으로 내어 입을 때는 크고 여유 있는 긴 스타일이 좋으며 벨트 속에 넣어 입을 때는 약간 여유로운 힙의 중간 길이가 적당하지만 트렌드에 따라 탄력적으로 착용한다.

▎ 블라우스의 종류

셔츠 웨이스트shirts waist : 셔츠 칼라, 요크, 커프스가 갖추어져 있는 가장 기본적인 디자인으로 남녀 모두에게 인기 있다.

라운드 넥round neck 블라우스 : 라운드 네크라인으로 앞이나 목덜미에 여밈이나 트임이 있는 블라우스.

초커choker 블라우스 : 목 주위에 옷감과 같은 천으로 띠를 두른 듯한 스타일로 스카프 역할을 하고 특별히 장식이 필요 없고 캐주얼이나 포멀 스타일에도 잘 어울린다.

세시sash 블라우스 : 앞 여밈을 사선으로 깊게 파서 좌우 앞판을 겹치게 여미고 끈이나 잠금장치로 고정하여 여성스럽다.

튜닉tunic : 품이 헐렁하고 넓은 소매가 달리며 길이는 힙을 가리거나 허벅지까지 다양

▎ 셔츠 웨이스트   ▎ 튜닉   ▎ 라운드 넥 블라우스   ▎ 세시 블라우스

하며 여름철에 많이 입고 주로 네크라인에 포인트를 주는 블라우스다.

홀터 넥halter neck 블라우스 : 진동 둘레에서 어깨를 덮지 않고 목덜미 중심에서 단추나 끈으로 고정하는 형태로 등이 노출된다. 등을 노출시키지 않고 어깨만 노출하기도 한다.

캐미솔camisole 블라우스 : 속옷인 캐미솔과 같은 형태로 어깨 없이 가슴 선에서 등까지 어깨끈으로 연결되어 있다.

타이 또는 보tie or bow 블라우스 : 스탠드 업 칼라에 긴 끈이 달려 있어 리본으로 묶거나 타이 형태로 묶어 리본 칼라 블라우스로도 불린다.

| Styling Point

블라우스는 셔츠에 비해 여성스러운 아이템으로 단독으로 입거나 이너웨어로 겉옷과 매치할 때 매우 요긴하다. 소재는 얇고 부드러우며 드레이프 성이 좋은 것이 착용감이 좋으며 흰색 컬러를 중심으로 화사하고 피부 톤을 밝게 해주는 컬러가 효과적이다. 속에 넣어서 입는 인 블라우스와 겉으로 입는 오버 블라우스가 있다.

- 오버사이즈드 핏의 긴 소매 셔츠 커프스에 러플, 플라운스, 플리츠 등의 장식과 셔츠를 어깨 뒤로 넘겨 입거나 앞 셔츠 한쪽 자락만 벨트 안에 넣어 착용하는 것이 트렌디하다.

- 비율이 좋은 체형은 몸에 잘 맞는 셔츠를 착용하여 신체 곡선을 드러내면 지적이며 섹시한 이미지를 준다. 약간의 격식을 요하는 자리에도 잘 어울리며 재킷 속에 타이트한 진과 매치하면 모던하고 세련되어 보인다.

- 깔끔한 크롭 톱 블라우스에 7, 8부의 와이드 팬츠나 퀼로트는 활동적이며 감각적으로 보인다.

- 셔츠 속에 티나 뷔스티에bustier를 입고 오픈하면 풍성함과 타이트함의 극적인 실루엣을 연출하고 셔츠 위에 티나 뷔스티에를 매치하여 다채로운 변화를 준다.

- 헐렁하고 큰 스타일의 셔츠라도 어깨를 맞게 입으면 시크해 보이면서 편하다. 단추를 두세 개 풀어 V존을 깊게 하면 목선이 시원해 보이며 스타일리시하다.

- 검정 스키니 진이나 레깅스에 공간감이 있는 깨끗한 흰 셔츠를 매치하고 액세서리 없이 선글라스만 착용해도 깔끔하고 시크하다.

- 블라우스 컬러보다 좀 어두운 컬러로 재킷이나 카디건을 스타일링하면 안정되어 보인다. 여성스러운 디자인의 블라우스에 스커트를 매치해 페미닌 감각을 극대화할 수 있다.

3 니트Knit

| Basic

검정, 다크 그레이의 카디건과 라운드 넥 풀오버pull over

카디건cardigan

- 검정과 다크 그레이 색으로 힙 중간 길이 또는 트렌드에 따라 힙을 덮는 길이를 기본으로 하고 무릎길이나 허리라인의 짧은 카디건이 베이직으로 상의와 같은 모노톤의 스커트나 다양한 팬츠 실루엣에 스타일링하기 좋다.
- 스커트는 카디건과 다른 컬러나 패턴을 매치하여 경직된 느낌을 피한다. 남녀노소가 즐기는 아이템으로 소재에 따라 사계절 착용 가능하다.

라운드 넥 풀오버round neck pull over

- 검정, 그레이 컬러로 된 힙 중간 길이의 크루, 터틀, 라운드 네크라인의 니트로 하의에 따라 하나만 입어도 깔끔하고 셔츠나 티를 레이어드하여 입는다.

V넥 풀오버V-neck pull over

- 네크라인이 V모양으로 되어 있는 베이직 니트로 속에 티셔츠나 셔츠를 레이어드하거나 하나만 입는다.

| 니트의 종류

클래식 케이블 니트 : 아일랜드 서부 해안 아란섬 어부들의 의복에서 나온 것으로 1950년대 미국 남성들이 많이 입었으며 스키 웨어로 각광받아 널리 퍼졌다. 겨울철에 애용되는 니트로 따뜻하고 풍성한 느낌을 준다.

검정 캐시미어 터틀넥 : 턱선을 강조해 얼굴 윤곽을 샤프하게 만들어주며 상체를 정돈

▌ 쇼트 카디건　　　　▌ 라운드 넥 풀오버　　　　▌ 롱 카디건　　　　▌ 터틀넥

해준다. 캐주얼, 스포츠 재킷, 스포츠 코트 등 슈트 속에 입어도 손색이 없고 가볍고 보온성이 우수한 겨울철 아이템이다.

집업 스웨터 : 겨울철 재킷 안에 얇은 집업 스웨터를 오픈하여 속에 셔츠나 티가 보이 도록 한 코디는 보온과 멋진 스타일링을 제안한다. 또는 톤 다운된 색상의 두툼한 집 업 스웨터 안에 파인게이지의 터틀넥을 입어 고급스러움을 연출한다.

▌ Styling point

니트는 따뜻함, 포근함, 부드러움, 신축성을 특징으로 타이트한 착장은 여성성의 상 징이 되고, 기술의 발달로 시원한 청량감을 주는 조직으로 여름에도 애용되는 아이템이 다. 니트의 신축성과 유연성은 굴곡진 인체의 선을 우아하고 섹시하게 드러내므로 적당 한 노출과 볼륨으로 입는 사람의 매력을 발산하는 특성이 있다. 니트 소재 속에는 부드 러운 속옷을 입거나 입지 않아야 매끈한 표면감을 가지며 신체 사이즈보다 큰 옷을 입 으면 겹친 자국이 드러나 옷맵시가 떨어진다. 니트는 컬러, 소재, 조직, 패턴 등에 따 라 디자인이 다양하며 구김이 없고 편해 많은 사람이 즐겨 입는다.

● 긴 카디건을 살짝 오픈하고 안에 카디건과 대조되는 색상의 의복을 상하로 입으면 이너웨어의 색상이 강조되므로 날씬해 보이고 키가 커 보인다.

- 패셔너블한 니트는 아이템 자체로 멋스러우므로 심플하게 입는다.
- 니트의 특성상 골격이 발달하고 팔다리가 긴 마른 체형이 소화를 잘하고 공간감의 효과가 좋다. 벌키bulky한 실루엣은 마른 체형을 보완하므로 부드러워 보인다.
- 평범하고 심플한 니트는 컬러, 조직, 패턴, 자수, 소재로 변화를 주며 가죽, 코듀로이, 모피 등 다른 소재와 매치하여 디자인 포인트를 주기도 한다.
- 심플한 니트에는 스카프, 머플러, 목걸이, 코사지 등으로 포인트를 주며 다른 소재로 된 같은 색상의 아이템으로 변화를 주면 은은하고 세련되어 보인다.

4 / 팬츠Pants

| Basic

검정 스트레이트 핏과 레귤러 핏 팬츠

베이직 팬츠는 트렌드에 구애받지 않고 기본으로 착용하는 반면 스키니 진은 기본으로 입지만 트렌드에 따라 변할 수 있다.

| 팬츠의 종류

스트레이트straight 팬츠 : 허리라인에서 밑단까지 원통 모양을 가진 직선 형태이다.

배기baggy 팬츠 : 허리와 엉덩이, 팬츠 통까지 여유롭다가 밑단으로 갈수록 약간 좁아지는 실루엣이다.

벨 보텀bell bottom 팬츠 : 허리에서부터 무릎까지는 맞다가 그 아래부터 플레어 된 팬츠로 부츠 컷으로도 불린다. 초반에 부츠를 신을 수 있게 통이 넓어진 형태에서 붙여진 명칭이다.

레깅스leggings : 다리의 실루엣을 그대로 드러내는 타이트한 스타킹 같은 팬츠로 스포츠용이나 팬츠 대용으로 입거나 스커트나 쇼츠shorts와 레이어링 하여 입는다.

버뮤다bermuda 쇼츠 : 무릎 위 길이의 통이 좁은 쇼츠로 여름철에 가장 애용된다.

조드퍼즈jodhpurs : 승마팬츠로 불리며 엉덩이부터 무릎까지는 풍성하나 무릎 아래는 타이트하게 맞아 부츠를 신기에 편한 감각적인 스타일이다.

카프리capri 팬츠 : 종아리 길이의 타이트한 여성용 팬츠로 밑단 바깥 옆선에 슬릿이 들어가기도 한다.

앵클ankle 팬츠 : 통이 좁은 발목까지 오는 길이의 팬츠로 스키니한 몸매에 잘 어울린다.

힙 허거즈hip huggers : 허리라인을 골반에 오도록 입는 스타일로 힙합 패션으로부터 입게 되었으며 젊은 층에서 선호한다.

하렘harem 팬츠 : 통이 넓은 팬츠의 발목 부분에 주름을 잡아 오므린 풍성한 실루엣의 팬츠로 활동성이 뛰어나며 에스닉한 이미지 표현에 적합하다.

서스펜더suspender 팬츠 : 가슴 받이에 끈이 달린 위 아래가 연결된 통이 넓은 형태로 편한 작업복이나 패셔너블한 유행 아이템으로 입기도 한다.

와이드wide 팬츠 : 힙부터 밑단까지 통이 넓은 팬츠로 밑단으로 갈수록 넓어진다.

점프 슈트jump suit : 팬츠가 상의와 하나로 연결된 옷으로 1920년대부터 낙하산 부대의 군복에서 유래한다. 스포츠, 레저 웨어는 물론 일상복으로까지 입는다.

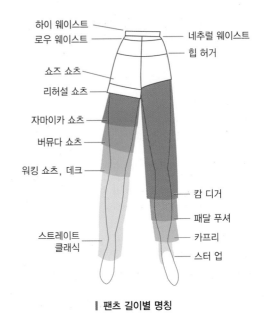

▎ 팬츠 길이별 명칭

▎Styling point

팬츠는 슬랙스, 판탈롱, 트라우저 등 지역이나 용도에 따라 다양하게 불린다. 팬츠 실루엣은 레깅스, 스키니, 슬림, 스트레이트, 레귤러, 테이퍼드(배기), 벨 보텀, 하렘, 와이드, 플레어 팬츠(팔라초) 등으로 구분한다. 이 외에도 드로우 스트링 팬츠, 파자마, 점프 슈트, 롬퍼rompers 등 다양하며 기본은 스트레이트이며 부츠 컷 스타일은 다리를 길어 보이게 하는 장점이 있다. 유행은 길이와 실루엣, 컬러, 디테일, 패턴 등에 의해 좌우되므로 유행보다는 자신에게 어울리고 체형을 보완해줄 수 있는 것으로 결정해야 한다.

- 울트라 쇼츠는 여성들의 각선미를 보여주기에 매우 적합한 아이템으로 로 엣지low edge의 데님 쇼츠만 착용해도 트렌디하다.

| 세미 부츠 컷 | 와이드 | 스트레이트 | 크롭트 부츠 컷 | 서스펜더 |

- 밑위가 매우 긴 배기팬츠는 디자인 특성상 다크 컬러가 효과적이며 독특한 실루엣이 드러나므로 상의는 자연스럽게 입는 것이 시크하다.
- 검정 와이드 팬츠는 흰색 셔츠를 벨트 안으로 넣어 깔끔하게 입거나 크롭트 톱과 코디하여 날씬한 허리라인에 포인트를 준다.
- 배기 스타일은 복부와 힙 실루엣이 여유로워 편하면서도 볼륨감이 있어 여성스럽다. 타이트한 상의로 힙과의 대비를 이루거나 여유로운 상의로 자연스러운 스타일링을 제안한다.

5 / 스커트 Skirt

Basic

검정 타이트스커트

격식을 차리는 자리나 일상적인 스타일링에서 꼭 필요한 아이템으로 여성적인 라인과 단정함, 우아함을 동시에 보여주면서 날씬해 보인다. 뒤트임이 있는 펜슬 스커트는 긴장감을 주며 섹시하고 기능적이다. 무릎선 5~7cm 위가 이상적이고 허리 밴드는

2~3cm가 활동하기 편하고 일반적이다.

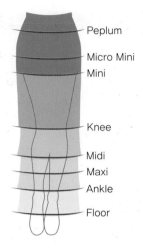

스커트 길이별 분류

스커트의 종류

타이트tight **스커트** : 엉덩이 선에서 스커트 단까지 안쪽 직선으로 내려오는 스타일로 허리라인 앞뒤에 다트나 턱이 있으며 뒤트임이나 주름을 주어 걷기 편하다. 길이는 미니에서부터 미디, 맥시까지 다양한 변화를 줄 수 있다.

에이라인A-line **스커트** : 엉덩이선에서 밑단까지 A자처럼 살짝 퍼진 형태로 날씬해 보이며 활동적이다.

플레어flare **스커트** : 허리에서 엉덩이선까지 맞고 밑단으로 갈수록 퍼지는 스타일로 허리라인이 날씬해 보인다. 180도, 270도, 360도 등으로 나뉘며 360도 스커트는 원형으로 서큘러circular 스커트로도 불린다.

고어드gored **스커트** : 여러 쪽을 연결한 스커트로 쪽수에 따라 4 · 6 · 8 고어라고 하며 실루엣은 스트레이트, 에이A 라인, 아랫단만 퍼지는 트럼펫 형태가 있다. 절개선에 따라 디자인 변화를 줄 수 있다.

티어드tiered **스커트** : 몇 개의 층으로 나누어진 스커트로 층마다 개더나 러플, 플라운스를 이용해 귀엽고 활동적이다. 밑단으로 갈수록 퍼지는 형태로 길이가 짧으면 상큼하고 귀여워 보이고 길이가 길면 여유롭고 낭만적이다.

개더gather **스커트** : 던들 스커트라고도 하며 허리라인에 잔주름을 준 풍성한 스커트로 마른 체형에 어울리며 활동적이며 여성스럽다. 스커트나 팬츠 위에 비치는 소재로 된 스커트를 레이어드하여 비치는 효과를 낼 수 있다.

랩wrap around **스커트** : 앞판 좌우가 겹쳐지도록 입는 형태로 단추나, 벨트, 끈 등으로 여미며 활동적이고 멋스럽다.

요크yoke **스커트** : 미들 힙에 요크가 있는 디자인으로 장식적 효과는 물론 다트 대용으로 작용하며 요크 아래는 타이트, 플레어, 개더, 플리츠 등을 붙인다. 허리라인이 날씬해 보인다.

퀼로트culotte **스커트** : 바지 형태로 디바이디드 스커트라고도 하며 통이 넓어 활동적이

| ▌타이트 스커트 | ▌에이라인 스커트 | ▌개더 스커트 | ▌티어드 스커트 | ▌트럼펫 스커트 |

며 스타일리시하다.

플리츠pleats 스커트 : 주름 스커트로 허리라인 전체 혹은 일부분에 주름을 잡으며 활동적이다. 아코디언, 박스, 인버티드, 나이프 플리츠스커트 등이 있다.

벌룬balloon 스커트 : 풍선과 같이 둥근 형태로 밑단을 오므려 귀여운 느낌을 준다.

트럼펫trumpet 스커트 : 스커트 아래로 내려갈수록 플레어의 양이 많아져 트럼펫 같아 보이며 고어 스커트의 일종으로 여성 인체가 잘 드러나며 글래머러스해 보인다.

▌Styling point

스커트는 길이, 넓이, 실루엣, 허리라인의 위치, 디테일에 따라 명칭이 다르다. 스커트의 길이와 실루엣은 유행 변화에 민감한 부분이며 사회적 환경에도 영향을 받는다. 신체보다 스커트의 엉덩이나 허벅지 사이즈가 작으면 스커트가 위로 치켜 올라가 심리적으로 불편하고 활동에 지장을 준다. 무릎길이의 스커트가 무난하지만 유행이나 체형에 따라 다양한 길이로 스타일링할 수 있다.

● 흰색이나 블루 셔츠에 검정 H라인 스커트를 매치하면 커리어우먼의 세련된 도시적 이미지를 주며 지적이고 깔끔해서 행사나 모임 등에 잘 어울린다. 밋밋할 때는 장식 소품을 하거나 단추를 두 개 정도 풀고 목걸이로 포인트를 준다.

- 흰색이나 밝은 컬러의 블라우스에 화사한 플로럴 프린트 스커트는 화려하며 시선을 끌 수 있고 프린트 컬러 중 하나의 컬러로 상의를 매치하면 통일감 있고 우아하다.
- 버건디 컬러처럼 다크 앤 딥 톤에 검정 매치는 도시적 럭셔리함을 풍긴다.
- 단정하고 페미닌한 이미지 스타일링에는 여성스러운 블라우스를 플레어스커트나 개더스커트, 타이트스커트의 벨트 안에 넣고 목걸이로 포인트를 준다.
- 로맨틱 이미지는 러블리한 장식 블라우스에 긴 티어드 또는 풀 스커트, 챙 모자, 샌들이나 스니커즈를 매치하여 야외에서의 여유로운 스타일링을 연출할 수 있다.

6 / 재킷과 슈트

| Basic

검정 테일러드 재킷

소모의 고급 울 소재를 사용하고 중간 넓이의 라펠lapel과 노치드notched가 약간 위에 있는 칼라가 유행을 덜 탄다. 이 외에도 다크 그레이, 네이비 등 다크 톤 컬러로 하면 여러 컬러의 아이템에 스타일링하기 유용하다.

슈트

검정, 네이비, 다크 그레이의 슈트

테일러드 재킷과 팬츠를 동일 소재에 동일 컬러를 사용하는 가장 격식 있는 슈트로 무광의 밀도가 높은 모직 소재의 피팅fitting이 좋은 슈트가 기본이다.

| Styling point

재킷은 신사복으로부터 온 도시적인 아이템으로 격식 있는 자리에서 품격을 잘 전달하는 사회성을 지닌 의복이다. 캐주얼한 코디에 재킷을 매치하면 경직되지 않으면서 차려입은 듯 보이며 시크하다. 여름엔 면이나 마 또는 혼방소재로 흰색, 밝은 블루 컬러의 싱글 재킷으로 시원해 보이도록 스타일링한다.

재킷 구입 시에는 체형에 잘 맞는 것을 우선적으로 선택해야 날씬해 보인다. 어깨는 평평하게 잘 맞아야 하고 목둘레와 소매길이, 통이 적당한지 살핀다. 또 허리라인이 날렵해 보이는지, 길이가 키에 맞는지도 고려한다.

- 슈트 속에는 심플하고 부드러운 소재의 기본 셔츠나 블라우스, 라운드 네크라인 티에서부터 장식적인 블라우스, 캐미솔 톱 등 다양하게 매치하여 변화를 준다.
- 장식이 없는 단색 재킷은 그대로 심플하게 입고 크로스 백, 각진 숄더백, 투 웨이 토트백을 매치하면 도회적인 세련미가 묻어난다.
- 재킷의 칼라는 목 길이와 밀접한 관계가 있다. 목이 짧고 굵을수록 넓고 깊게 파인 디자인이나 칼라가 없는 깊은 V넥이 잘 어울린다.
- 목이 가늘고 길면 목 주위에서 넓게 펼쳐지는 플랫칼라나 스탠드칼라도 좋지만 테일러드 칼라의 심플한 재킷도 정갈하고 모던해 보인다.
- 소매는 팔이 짧고 굵을수록 손목뼈를 넘는 길고 가는 소매가 좋지만 너무 좁아 당겨지면 보기에 좋지 않고 7부 소매나 어정쩡한 길이는 피한다. 반대로 팔이 길고 가늘면 대체로 잘 어울린다.
- 재킷의 길이는 키가 크거나 작아 보이도록 하는 아주 중요한 포인트이다. 자신의 몸통에서 가장 넓은 라인에서 재킷의 밑단이 끝나면 더 넓어 보인다. 가장 좋은 길이는 몸의 가장 넓은 부분을 가려주거나 짧게 입는 것이다. 재킷의 실루엣은 계속 변하므로 그때그때 맞춰 입는다.

재킷의 종류

블레이저blazer

- 스포츠용 재킷에서 유래된 제복풍의 상의로 테일러드 칼라에 패치 포켓이 특징이며 간혹 금속 단추를 달기도 한다. 재킷과 어울리는 진에 터틀넥 스웨터를 매치하거나 원피스를 입기도 한다. 부드러운 백과 로퍼나 스니커즈 등은 세미 정장과 캐주얼 스타일을 멋지게 소화하는 코디이다.
- 네이비 블레이저는 클래식한 정장, 캐주얼 느낌을 연출하기에 용이하며 스트라이프 티나 셔츠, 진 팬츠와 코디하여 프레피 룩을 연출한다.

싱글버튼 브레스트single button breasted

- 싱글버튼은 납작한 몸을 동그랗게 보이게 하지만 좌우 폭은 좁아 보인다. 몸이 마르고 납작해서 좌우로 넓어 보이는 체형은 싱글버튼이 잘 어울린다.
- 숄칼라는 큰 체구에 잘 어울리고 우아한 이미지를 준다. 한편 너무 키 크고 마른 체형은 더 길어 보이므로 숄칼라를 넓게 하고 V존을 짧게 한다.
- 검정 기본 재킷에 빈티지풍의 원피스를 매치하면 크로스오버 룩을 연출할 수 있고 정장 팬츠와 입으면 클래식 이미지를 표현할 수 있다.
- 검정 재킷과 심플한 티, 진 팬츠의 코디는 모던한 캐주얼로 도회적이며 활동적이다.

더블버튼 브레스트double button breasted

- 더블버튼은 통통하지만 좌우 폭이 넓지 않은 체형에 잘 어울리며 매니시하다.
- 진한 네이비 컬러 더블브레스트에 골드 단추를 사용하면 고급스럽고 트레디셔널한 정통성을 표현하는 데 도움이 된다.
- 재킷 속에 블루 스트라이프 티와 셔츠, 흰색이나 블루 계열의 진 팬츠나 쇼츠를 입어 마린 룩이나 크루즈 룩을 연출한다.

▎ 테일러드 싱글　　▎ 더블 브레스트　　▎ 바이커 재킷　　▎ 블루종　　▎ 파카

샤넬 재킷Channel jacket

- 샤넬 재킷은 체구가 작은 여성적인 체형에 잘 어울린다. 목둘레, 앞단 및 소매 단에 브레이드로 장식한 것으로 네크라인이 심플하므로 목걸이를 여러 겹 하면 우아하고 하의가 정장풍인지 캐주얼인지에 따라 색다른 분위기를 낼 수 있다.

블루종 재킷blouson jacket

- 소매 단이나 밑단에 고무 밴드나 립 니트, 끈 처리를 하여 몸에 맞게 오므려서 부풀린 디자인이 특징이다. 스타디움 점퍼도 포함된다.

카디건 재킷cardigan jacket

- 노칼라로 라운드나 V네크라인의 긴 소매를 가진 형태로 앞을 단추로 여미거나 여미지 않기도 하며 기본적으로 늘 애용되는 아이템이다.

볼레로 재킷bolero jacket

- 길이가 허리라인 위에 오는 짧은 재킷으로 단추 없이 오픈해서 입고 원피스 드레스에 많이 코디한다.

페플럼 재킷peplum jacket

- 페플럼이란 허리에 절개선이 있고 그 절개선에 플레어를 만들거나 주름을 잡아 단이 넓어지게 한 것으로 허리라인이 날씬해 보이고 포인트가 된다.

사파리 재킷safari jacket

- 아프리카 밀림에서 사냥하거나 탐험할 때 입었던 카키 컬러의 면직물로 된 엉덩이를 덮는 길이의 재킷으로 볼륨 있는 아웃 포켓과 견장, 벨트 등이 특징이다. 카키나 베이지 컬러로 군복 디테일을 사용하면 밀리터리풍의 이미지 연출에 효과적이고 매니시한 캐주얼이나 여행 이미지 스타일링에 적합하다.

바이커 재킷biker jacket

- 1950년대 미국에서 진이 유행하면서 함께 착용했던 허리 살짝 아래 또는 힙 길이의 짧은 가죽 재킷으로 사선 여밈이 독특하며 세련된 디자인이 펑크 룩이나 크로스오버 룩을 연출하기에 좋다.

파카parka

- 에스키모 인들의 방수, 방설, 방풍 재킷에서 유래한 방한 방풍용의 후드가 달린 재킷으로 방수용 원단으로 만들어 기능적이며 퀼팅, 모피, 보온 소재 등을 안감으로 한 보온성이 큰 겨울 패션 아이템이다.

7/ 코트coat

| Basic

트렌치코트, 단색에 칼라와 포켓만 있는 심플한 코트

트렌치코트는 클래식 아이템으로 베이지 컬러의 면, 면 혼방 트윌Twill로 된 것이 기본 스타일이다. 방수, 방한을 목적으로 착용하는 군복에서 유래한 코트로 래글런 슬리브, 더블 여밈, 견장, 바람막이, 착탈식 안감 등이 디자인 포인트이다.

코트는 겨울철 필수 아이템으로 따뜻함, 포근함, 포용력의 의미를 담고 있는 체형 커버에 가장 좋은 아이템이다. 코트를 준비할 때는 트렌드보다는 체형을 우선한다. 품질 좋은 모직의 클래식 스타일과 내피를 뗐다 붙였다 할 수 있어 봄가을에도 입을 수 있는 디테처블 코트, 한파를 이겨낼 다운 코트 등을 기본으로 장만하고 길이와 스타일은 트렌드에 따르나 디자인은 무난한 것이 유용하다.

| 코트의 종류

피코트pea coat : 더블 여밈으로 힙을 덮는 젊은 감각의 매니시하고 캐주얼한 코트로 해군의 전형적인 네이비에 모직 베레모나 비니, 풍성한 머플러와 잘 어울린다. 흰색 티셔츠나 네이비 스트라이프 티에 팬츠로 마린 룩을 연출하거나 검정 스키니 진과 코디하면 도시적 스트리트 스타일로 시크하다.

더플코트duffle coat : 후드가 있고 토글toggle로 앞여밈을 하는 두꺼운 코트이다. 폭넓은 연령층이 즐겨 입는 클래식한 감각으로 정장, 캐주얼 스타일, 남녀노소 모두 어울린다.

케이프cape : 볼륨감과 크기에 따라 모직이나 니트를 많이 사용하며 자유롭게 연출할 수 있는 장점이 있다. 상대적으로 하의는 슬림한 팬츠나 스키니, 미니스커트 등에 부츠나 부티로 연출하여 부피를 작게 하면 대비 실루엣으로 시크하다. 케이프에는 목이 긴 장갑이 잘 어울리며 굵은 핸드 니트로 된 케이프는 빈티지스럽다.

판초poncho : 다양한 형태의 옷감에 머리가 들어갈 구멍을 내어 입는 코트로 소매가 따로 없어 간편하면서도 독특한 실루엣의 멋스러운 연출을 할 수 있다.

밀리터리military 코트 : 진한 카키나 군복 컬러에 금속 단추, 견장, 벨트가 있는 스타일로 하늘거리는 시폰 원피스에 밀리터리풍의 코트와 부츠를 매치시키는 이질적인 이미지 결합이 크로스오버 스타일링 포인트이다.

토퍼topper : 엉덩이를 가리는 길이에 풍성한 핏fit이 돋보이는 코트로 풍성하여 하의와 대조적인 실루엣으로 변화를 줄 수 있는 캐주얼한 아우터outer이다.

바버barbour 코트 : 영국의 습하고 혹독한 추위를 견디기 위해 선원들이 방수복으로 입었던 코트가 귀족들에게 인정을 받으면서 일반인들까지 입게 되었다. 겉감은 방수가공을 하며 커다란 포켓이 있다. 코듀로이의 빗장 형태 칼라가 따뜻하며 안감은 보온을 위한 퀼팅으로 탈부착할 수 있다. 다크 그린 색상이 대표적이다.

| 트렌치코트 | 피코트 | 더플코트 | 케이프 | 판초

▌ 밀리터리 코트　　　▌ 토퍼　　　　▌ 바버 코트　　　▌ 다운 코트　　　▌ 빅코트

▌ **Styling point**

코트는 디자인 자체만으로 패셔너블하고 연인, 포용, 고독이라는 드레스 코드를 품고 있는 지적인 분위기로 남녀 모두에게 스타일링하기 쉬운 필수 아이템이다.

- 트렌치코트는 타이트하지 않게 입고 벨트 버클을 중앙에 매기도 하지만 한쪽 옆으로 멋스럽게 묶기도 한다. 오픈할 때는 벨트를 자연스럽게 드리우거나 포켓에 넣거나 뒤 중앙에서 묶기도 하고 옆쪽에 치우쳐 묶어주기도 한다.
- 코트를 오픈해서 입으면 자연스럽게 중심부에 수직면이 생겨서 날씬하고 세련되어 보이지만. 소재에 따라 벌키해 보일 수 있다.
- 코트를 오픈했을 때 공간감과 추위를 막기 위해서는 폴라, 하이 네크 탑이나 머플러와 스카프를 이용한다. 목이 긴 사람은 머플러를 풍성하게 연출하지만 얼굴이 크고 목이 짧은 사람은 긴 머플러를 감지 말고 자연스럽게 네크라인 주위로 길게 내리거나 V존이 깊도록 연출한다.

8 / 원피스 드레스one piece dress

Basic

리틀 블랙 드레스little black dress

디자인과 소재에 따라 모든 계절 착용하는 원피스로 일상복, 사무복, 파티복 등 다양하게 활용 가능하며 재킷, 니트, 셔츠, 티, 베스트 등 겉옷과 목걸이, 스카프 등에 따라 간편하고 효과적으로 연출할 수 있는 아이템이다. 모든 아이템 중에서 가장 여성스럽고 매력적으로 보이게 하는 여성만을 위한 아이템으로 격식을 갖추면서도 체형 커버에 효과적이고 액세서리나 소품으로 스타일링하기 좋다. 낮과 밤에 따라 데이 드레스, 이브닝드레스라고 하는데 구분 지어 입는 것이 바람직하다.

원피스 드레스의 종류

쉬스sheath 드레스 : 몸판과 스커트가 한 장으로 연결되어 허리라인에 절개선이 없고 몸에 잘 맞는 깔끔한 형태이다. 미니멀한 이미지 표현에 적합하다.

시프트shift 드레스 : 허리라인에 이음 선이 없는 직선적인 드레스로 다트가 있어 슈미즈 드레스보다는 몸에 잘 맞지만 유사하다.

슈미즈chemise 드레스 : 허리를 조이지 않고 몸과의 공간감이 있는 직선 형태로 칼라가 없는 란제리풍의 섹시한 스타일이다.

엠파이어empire 드레스 : 허리라인을 가슴 바로 아래로 높게 올린 드레스로 길어 보인다. 엠파이어 시대에 착용해서 붙여진 이름으로 여성적이며 가슴라인이 풍성해 보인다.

로우 웨이스트low waist 드레스 : 허리라인이 제 허리라인 아래 골반라인에 위치한 1920년대에 유행한 스타일로 스커트는 비교적 짧고 (직선이거나) 퍼지는 형태를 주로 한다.

셔츠 웨이스트shirt waist 드레스 : 긴 셔츠의 형태를 한 것과 허리는 맞으면서 스커트는 풀 스커트의 형태가 있으며 실용적이며 캐주얼하고 활동적이다.

어시메트릭asymmetric 드레스 : 좌우 비대칭으로 된 스타일의 총칭으로 네크라인, 여밈, 밑단 등이 비대칭으로 드라마틱하다.

프린세스 라인princess line 드레스 : 가슴 허리라인이 피트되고 스커트 밑단으로 갈수록 에이A 라인처럼 퍼지는 실루엣으로 날씬해 보인다.

| ▌ 리틀 블랙 드레스 | ▌ 시프트 드레스 | ▌ 엠파이어 드레스 | ▌ 셔츠 웨이스트 드레스 | ▌ 프린세스 라인 드레스 |

▌ **Styling point**

- 흰색 원피스는 깨끗함, 순수함, 청순함 등을 내포하여 예복의 이미지가 느껴지고 청재킷이나 테일러드 재킷 등을 매치하여 크로스오버 룩을 연출한다.
- 시폰이나 저지 원피스에는 길이가 엇비슷한 니트 카디건이 좋다. 완전히 같은 길이는 인위적인 느낌이 든다.
- 단순한 일자형 원피스나 티 형태의 원피스는 플랫이나 스니커즈와 함께 코디하면 경쾌하고, 정장 구두에 진주 목걸이와 맞춰 입으면 정장 느낌이 난다.
- 허리라인을 기준으로 원피스의 상하가 5 : 5가 되면 어정쩡해 보인다. 5 : 8이 가장 눈에 익은 좋은 황금비율이지만 안 될 경우는 약간의 차이를 두도록 한다.
- 최근에는 원피스에 팬츠를 스타일링하여 드레스로도 입을 수 있고 긴 상의 역할을 하여 (개성 있는) 스타일링을 할 수 있다.

9/ 베스트 vest, waist coat, 조끼

▮ Basic

소매가 없는 형태로 앞이 트인 것과 풀오버 형태가 있으며 계절이나 소재에 제한을 받지 않고 다양한 이미지를 표현할 수 있고 스타일링 감각을 키우기에 적합하다. 입을 옷이 마땅치 않거나 밋밋해 보일 때, 이너웨어만 입기 망설여질 때 베스트를 코디하면 심리적으로나 심미적으로 체형 커버 스타일링에 효과적이다.

▮ Styling point

- V존이 깊이 파인 베스트는 목 주변이 시원하게 보이므로 목이 짧거나 얼굴이 동그 랗고 가슴이 큰 사람에게 효과적이다.
- 진동선이 몸 중심 쪽으로 들어올수록 어깨가 좁아 보이고 어깨선 끝에서 수직으로 내려오면 어깨가 넓어 보이므로 체형을 고려하여 택한다.
- 베스트의 헴 라인이 W자일수록, 경사가 급할수록, 허리가 날렵하고 골반이 작아 보여 날씬하게 느껴진다.
- 롱 베스트는 자연스럽게 오픈해서 이너웨어가 길게 보이도록 해서 입거나 오픈 한

▮ 스쿠프 네크라인

▮ 하이 네크라인

▮ 쇼트 진 재킷

▮ 슬림 핏 진

▮ 로엣지 부츠 컷

채로 가는 벨트 또는 굵은 벨트를 너무 튀지 않게 하면 스타일리시해 보인다.

• 잔잔한 패턴의 시폰 원피스나 블라우스에 길이가 길거나 허리라인까지 오는 짧은 길이의 단색 베스트를 입어 변화를 준다.

• 패딩이나 다운 소재의 방한용 베스트는 초봄이나 늦가을 간절기에 보온성 뿐만 아니라 실루엣이나 컬러의 조합으로 코디보완에 효과적이다.

10 / 진Jeans

| Basic

인디고 데님 소재로 된 5포켓의 레귤러 핏과 세미 부츠 컷. 중간 톤의 워싱 진
레귤라 핏의 블루진 팬츠

블루진 팬츠

인디고 염료로 염색한 데님을 소재로 한 제품들을 통틀어서 블루진이라고 하는데 그 중에서도 대표 아이템인 블루진 팬츠는 그 자체로 분위기 있는 젊음의 상징이며, 가장 트렌디하고 섹시하다. 오묘하게 워싱washing 된 컬러, 몸매를 매력적으로 보이게 하는 핏fit, 포켓 자수 디자인, 탑 스티치로 정의된다. 'No age, No season, No status'로 대변할 수 있는 전천후 아이템이다. 트렌드에 따라 블루진 재킷에 블루진 팬츠가 올드패션이 될 수도 있고 트렌디한 스타일링이 되기도 한다. 진은 격식을 차리지 않는 사교 모임이나 비즈니스 자리에서도 용인되며, 1970년대 말 고가로 디자이너 컬렉션에 등장하면서 럭셔리 코드의 중심, 고급 의상으로 격상되었고 새롭고 다양한 가공방법으로 점차 그 영역을 넓혀가고 있다. 변화에 민감한 아이템이기 때문에 자신의 매력을 극대화할 수 있는 스타일을 선택한다.

카키 팬츠

카키나 치노는 블루진 팬츠와 함께 캐주얼 진의 대표 아이템이다. 카키는 '흙먼지'라는 뜻으로 컬러에서 유래한 명칭이고, 치노(chino, 스페인어로 중국이라는 뜻)는 생산지에서 유래한 명칭이지만 거의 같이 사용되고 있다. 통이 넓고 주름은 잡지 않으며 편안한

핏fit이 특징으로 활동적이다. 4개 정도의 포켓이 있으며 약간 구부정해 보이는 것이 카키 팬츠의 전형이다.

| Styling point

- 세미 부츠 컷semi-boots cut으로 무릎까지는 타이트하게 붙다가 무릎 아래부터 서서히 퍼지므로 날씬하고 키가 커 보인다. 힐을 신으면 하체가 길어 보인다.
- 세미 부츠 컷이나 슬림 핏은 드레시한 블라우스, 오버사이즈나 타이트한 캐주얼 셔츠, 베이직 재킷과 쇼트 재킷 등 거의 모든 아이템과 잘 어울린다.
- 과감히 무릎 부위를 찢고 구멍 낸 디스트럭티드 진과 밑단의 올을 자유롭게 푼 로 엣지 데님은 트렌드의 중심에 있으며 몸매를 드러내는 스키니 진은 날씬해 보이고 섹시하다.
- 스트레이트 핏은 다리가 길지 않은 사람이 입으면 키가 작아 보이므로 구두코가 날렵한 하이힐이나 부츠를 신으면 커버할 수 있다.
- 크롭트 진은 7, 8부 정도의 바지로 심플한 크롭트 톱과 코디하여 시원한 이지 룩을 표현할 수 있고 캐미솔 톱이나 여성스럽고 로맨틱한 프릴 블라우스와 매치하면 실용적인 섹시 룩을 연출할 수 있다.
- 블루진 팬츠는 옆 라인을 약간 앞쪽으로 하고 탑 스티치로 처리하면 굵은 하체를 다소 좁아 보이게 하고, 키를 커 보이게 하는 효과가 있다.

11/ 가죽leather

가죽 제품은 트렌드에 따라 영향을 많이 받는 편이며, 디자인이 캐주얼화 되면서 젊은 층에서 즐겨 입는다.

가죽 제품은 좋은 품질을 선택하고, 과도한 트렌디 스타일은 착용기간이 짧음을 고려하여 구입한다. 가죽 완제품에서 냄새가 나지 않고 무겁지 않으며 표면이 균일하고 매끄러우면서 적절히 부드러운 질감이 좋다. 사이즈는 잘 맞거나 약간 타이트한 것이 스타일리시해 보인다.

| 바이커 재킷 | 쇼트 재킷 | 타이트 스커트 | 점프 슈트 |

12/ 모피fur

럭셔리, 부, 고가로 상징되었던 모피가 다양한 종류의 모피 사용과 인조 모피의 개발, 화려한 컬러 염색, 클래식에서부터 캐주얼한 디자인까지 점차 그 영역이 넓어지고 있다. 모피는 동물보호협회의 반대에도 불구하고 계속 애용되고 있으며 젊은 층까지 가세하면서 더욱 스타일리시하게 발전하고 있다.

| Styling point

- 처음엔 작은 모피 머플러나 모피 칼라를 매치하고 점차 베스트, 케이프, 여성용의 짧은 재킷인 슈러그 등 모피 부분이 적은 것부터 시도하면서 적응한다.
- 모피는 다른 아이템을 타이트하게 매치하여 실루엣의 대비를 이루어야 효과적인 스타일링이 된다. 실내에서는 모피 재킷이나 코트를 어깨에만 걸쳐 입어도 따뜻하고 감각적으로 보인다.
- 모피 베스트는 코트보다 활동하기 간편하다. 혹한을 피해서 니트나 블라우스, 가

| 폭스 | 폭스 부분 패치 | 램스 퍼 무스탕 | 램스 퍼 더블 페이스 |

죽 팬츠 또는 싸이하이 부츠와 코디하면 패셔너블하다.

- 부드럽고 염색력이 좋은 토끼털 제품은 다양한 이미지로 연출할 수 있고 천연의 토끼털은 야성적이다.

- 꼬불꼬불하게 컬curl된 양털은 코트나 재킷 전체뿐만 아니라 칼라나 소맷단, 밑단 등에 트리밍으로 쓰여 캐주얼하고 귀여운 이미지에 좋다.

- 털이 길고 야성적인 은빛의 세련된 여우 털은 코트에 잘 어울리고 목도리로 많이 활용한다. 한쪽 어깨에 걸치거나 베스트나 숄로 활용도가 높고 럭셔리하다.

- 너구리 털인 라쿤racoon은 털이 길고 여러 컬러가 조화된 자연스러운 색감으로 짧은 코트는 물론 칼라에 포인트로 사용되며, 대범하고 야성적인 표현에 적합하다.

- 더블 페이스인 무스탕은 성숙한 양이 소재이고 토스카나는 새끼를 낳은 적이 없는 6개월 미만의 어린 양으로 만들었기 때문에 털이 길고 부드러운 고급품이다.

CHAPTER 3

디테일 스타일링

디테일은 옷을 만드는 봉제 과정에서 그 옷을 기능적이고 장식적으로 만들기 위해 이용한 세부장식을 말한다. 의복은 여러 디테일의 조합으로 다양한 디자인이 형성되며 실루엣과 대조적인 의미로 그 실루엣 속에 있는 여러 가지 부분 장식이다. 의복의 네크라인, 칼라, 슬리브, 커프스, 포켓 등 기능적인 부분과 플리츠, 셔링, 핀턱, 러플 등 기교를 표현하는 세부장식을 포함한다. 이 외에도 트리밍trimming은 의복과 같은 재료 혹은 다른 재료로 만든 것을 장식 목적으로 의복에 부착하는 것을 말한다. 트리밍에는 브레이드, 리본, 레이스, 테이프, 코사지, 루싱, 단추, 프린지, 비즈, 시퀸, 스팽글, 퍼, 자수, 엠블럼 등이 있으며 의복과 유행성 등을 고려하여 사용한다.

구체적으로 네크라인, 칼라, 소매를 살펴보면 다음과 같다.

1/ 의복에 포함된 디테일

1) 네크라인

목선 부위로 얼굴에 연결된 부분으로 네크라인 모양에 따라 얼굴에 영향을 주므로 착용자의 얼굴형, 목의 굵기와 길이, 의복과의 조화, 계절성, 온도, 용도, 유행에 따라 선택하여야 한다.

얼굴이 사각이거나 둥글지만 목이 짧은 경우에는 V네크라인, 얼굴과 목이 긴 경우는 바토우, 터틀 네크라인, 역삼각형의 얼굴에는 라운드나 하이 네크라인이 좋다.

- 라운드round : 둥근 모양으로 무난하고 많이 사용된다.
- V넥V-neck : V자 모양. 깊게 파진 V넥은 프런징plunging 네크라인
- 스쿠프scoop : 스쿠프 모양이고 U자형은 U네크라인
- 스퀘어square : 네모 모양의 네크라인으로 턱 라인이 V자나 U자 스타일에 잘 어울린다.
- 보트boat : 보트의 모양같이 약간 둥글면서 가로로 넓은 네크라인으로 우아하다.
- 바토우bateau : 보트 네크라인보다 옆으로 더 넓은 네크라인으로 드라마틱하다.
- 스위트 하트sweet heart : 깊게 역 하트 모양으로 된 네크라인으로 여성스럽다.
- 애시메트릭asymmetric : 한쪽 어깨만 걸친 비대칭의 네크라인
- 서플리스surplice : 어깨에서 허리에 걸쳐 대각선으로 여미는 네크라인
- 오프 숄더off shoulder : 어깨 끝이 드러날 정도로 넓고 깊게 판 네크라인
- 하이넥high-neck : 몸판에서 이어져 목선까지 올라가는 네크라인
- 카울cowl : 블라우스나 드레스의 앞이 부드럽게 주름진 네크라인
- 드로우 스트링draw string : 넉넉한 목둘레에 끈을 꿰어 잡아당겨 조이는 네크라인
- 스파게티 스트랩spaghetti strap : 양어깨에 가는 줄로 된 네크라인
- 홀터halter : 목 뒤에서 묶어 목에 걸어 입는 어깨와 소매가 없는 네크라인

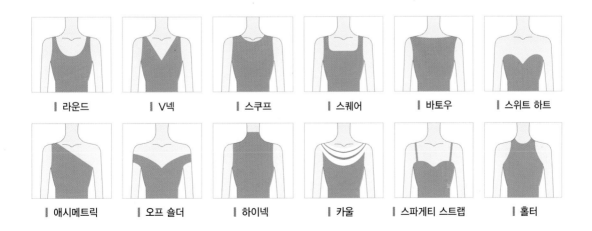

┃ 라운드   ┃ V넥   ┃ 스쿠프   ┃ 스퀘어   ┃ 바토우   ┃ 스위트 하트

┃ 애시메트릭   ┃ 오프 숄더   ┃ 하이넥   ┃ 카울   ┃ 스파게티 스트랩   ┃ 홀터

2) 칼라collar

칼라는 몸판에 달리거나 독자적으로 목둘레를 감싸는 장식이다. 얼굴과 가장 가까운 위치에서 얼굴을 받쳐주는 역할을 하므로 자신의 취향과 체형, 얼굴형과 목적에 어울리는 디자인으로 정한다.

- 스탠드stand칼라 : 밴드를 그대로 칼라로 사용하며 차이나, 밴드 칼라로도 불린다.
- 롤roll칼라 : 칼라가 부드럽게 세워져 롤이 생기는 칼라
- 피터 팬peter pan 칼라 : 어깨선에 납작하게 붙는 칼라로 귀여운 이미지를 풍긴다.
- 셔츠shirts 칼라 : 밴드와 칼라가 합쳐진 셔츠에 주로 사용되는 칼라로 스포티하다.
- 첼시chelsea 칼라 : 앞은 깊게 삼각형으로 파이고 칼라가 양쪽으로 벌려져 있는 형태이다.
- 컨버터블convertible 칼라 : 앞을 헤치거나 여미거나 해도 칼라가 되며 블라우스, 원피스 드레스에 사용한다.
- 윙wing 칼라 : 날개처럼 옆과 뒤로 퍼져 나가며 떠 있는 칼라이다.
- 노치드notched 칼라 : 슈트, 코트에 많이 쓰이며 단정하고 클래식한 느낌을 준다.
- 숄shawl칼라 : 숄 모양으로 길게 내려온 칼라로 우아해 보인다.
- 타이tie, 리본ribbon 칼라 : 타이 칼라는 칼라가 긴 장방형으로 붙어 있는 것으로, 이를 리본으로 묶으면 리본 칼라이다.
- 터틀넥turtle neck 칼라 : 칼라가 목 위로 올라갔다가 접혀 내려온 형태의 칼라이다.
- 크루넥crew neck : 목둘레에 메리야스직(립조직)으로 된 네크라인으로 편하다.

| 스탠드(만다린) | 피터 팬(플랫) | 셔츠 칼라 | 첼시 칼라 | 오픈 칼라 | 윙 칼라 |

| 노치드 칼라 | 숄칼라 | 타이, 리본 칼라 | 터틀넥 칼라 | 크루넥 | 캐스케이드 칼라 |

- **파어웨이**far away **칼라** : 네크 포인트에서 멀리 떨어져 달리는 칼라의 총칭으로 시원하고 우아하다.
- **세일러**sailor **칼라** : 해군복의 칼라 모양으로 뒤는 사각 모양이고 앞은 삼각형으로 좌우가 앞에서 만나는 교복이나 마린 룩의 대표적인 칼라이다.
- **캐스케이드**cascade **칼라** : 블라우스 목선에 붙여진 원형으로 재단된 주름이 있는 칼라로 드라마틱하다.

3) 슬리브sleeve

어깨에서부터 팔에 걸쳐 연결 부분에 속한 부분으로 팔의 움직임에 의해 변하기 쉬우므로 다양한 형태의 디자인이 고려되어야 한다. 슬리브의 길이는 짧은 순서부터 슬리브리스, 프렌치 슬리브, 짧은 슬리브, 하프 슬리브, 3/4 슬리브, 롱 슬리브 등으로 나뉜다.
- **셋인**set in **슬리브** : 어깨선에 슬리브를 별도로 붙인 일반적인 슬리브의 총칭이다.
- **드롭 숄더**drop shoulder **슬리브** : 어깨선보다 아래에 달린 소매로 통이 비교적 넓고 활동적이다.

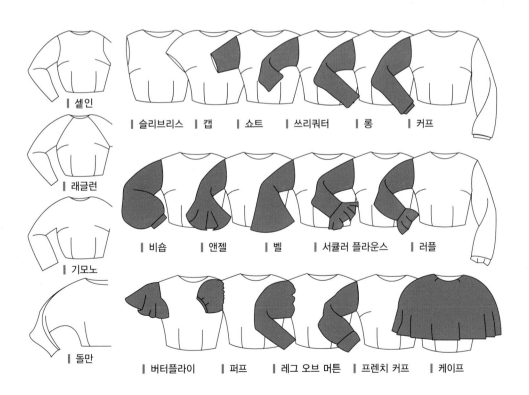

┃ 셋인 ┃ 래글런 ┃ 기모노 ┃ 돌만

┃ 슬리브리스 ┃ 캡 ┃ 쇼트 ┃ 쓰리쿼터 ┃ 롱 ┃ 커프

┃ 비숍 ┃ 앤젤 ┃ 벨 ┃ 서큘러 플라운스 ┃ 러플

┃ 버터플라이 ┃ 퍼프 ┃ 레그 오브 머튼 ┃ 프렌치 커프 ┃ 케이프

- 셔츠shirts 슬리브 : 와이셔츠처럼 소매산이 비교적 낮아 팔의 움직임이 자유로워 캐주얼웨어, 스포츠웨어에 등에 쓰이는데 커프스 등을 달아 마무리한다.
- 캡cap 슬리브 : 어깨를 덮을 정도의 짧은 슬리브로 시원하고 간편하다. 허리라인이 상대적으로 좁아 보이며 경쾌하다.
- 래글런raglan 슬리브 : 크리미아 전쟁 때 영국 사령관 래글런 백작이 팔의 부상을 감추기 위하여 입었던 옷의 슬리브로 네크라인에서 겨드랑이에 사선으로 절개선이 들어있어 활동적이며 편하다.
- 기모노kimono 슬리브 : 돌만 슬리브와 비슷하나 무를 달아 활동성을 준다.
- 돌만dolman 슬리브 : 터키인들이 입었던 달마티카의 슬리브 형태로 몸판과 슬리브를 연결하여 재단함으로써 암홀이 크고 풍성하여 드레시한 움직임이 좋다.
- 벨bell 슬리브 : 종 모양으로 아래로 퍼지면서 플레어 된 슬리브로 스타일리시하고 우아하다.
- 퍼프puff 슬리브 : 슬리브의 위나 단에 주름을 많이 잡아 부풀린 슬리브로 망쉬 발롱이라고도 한다. 귀엽고 여성적이다.

TIP 커프스cuffs
- 슬리브 끝에 밴드나 옷감으로 붙인 부분으로 기능성과 함께 장식 역할을 한다.
- 대표적으로 셔츠 커프스, 윙드 커프스, 서큘라 커프스, 턴 백 커프스, 이미테이션 커프스, 밴드 커프스, 모피 커프스, 종 모양 커프스, 프렌치 커프스, 앙가장트 커프스 등이 있다.

2/ 의복의 부분 디테일(장식)

디테일은 옷을 만드는 봉제 과정에서 만들어지는 세부장식을 말하는데 장식뿐만 아니라 기능성도 가지고 있으며 의복의 트렌디한 요소 역할도 한다.
- 플리츠(주름)pleats : 일정한 방향과 간격으로 주름을 잡는 것으로 직선적이며 외주름, 맞주름, 아코디언 주름 등 다양하다.
- 드레이프drape : 부드럽고 자연스러우며 일정한 주름이 아니며 우아하고 여성적이다.

- 턱tuck : 일정한 폭을 접어 박은 플리츠로 장식적 또는 실용적인 목적을 위해 블라우스, 셔츠, 드레스, 팬츠, 스커트, 아동복이나 유아복 등에 사용한다.
- 개더gather : 천의 한쪽 끝에 손바느질이나 재봉으로 박아 잡아당기면 생기는 주름 장식이다. 부드럽고 풍성한 이미지로 여성스럽다.
- 러플ruffle : 좁은 천의 윗부분에 주름이나 개더를 잡은 것으로 의복의 가장자리나 솔기 부분에 장식하는 것을 말하며 프릴보다 넓고, 귀엽고 사랑스럽다.
- 프릴frill : 러플보다 폭이 좁은 천의 한쪽에 개더를 잡아 칼라, 밑단, 커프스 등 의복의 어느 부분이라도 붙일 수 있는 장식으로 귀엽다.
- 플라운스flounce : 옷감의 위쪽은 주름이 없고 아래쪽은 물결 모양이 되는 장식으로 바이어스 재단으로 한다. 여성적이며 폭이 좁으면 귀엽고 넓으면 드라마틱하다.
- 프린지fringe : 술 장식으로 의복의 가장자리나 솔기 등에 붙여 장식하는 것으로 옷

| 플리츠 | 턱 | 개더 | 러플 |

| 프릴 | 플라운스 | 프린지 | 스모킹 |

| 퀼팅 | 스캘럽 | 패치워크 | 아플리케 |

감을 자르거나 만들어진 프린지, 실 등을 사용하고 웨스턴 이미지로 야성적이다.

- **스모킹**smocking : 천에 일정 간격으로 땀을 떠서 규칙적인 문양을 만들어 내는 것이다. 손바느질이나 기계로 하며 장식성과 기능성이 있으며 독특한 모양 자체가 포인트다.
- **퀼팅**quilting : 솜 같은 내장재를 소재 아래 대고 모양대로 스티치 하는 장식으로 내장재를 고정함과 동시에 보온성을 가지며 디자인 포인트가 된다.
- **스캘럽**scallop : 가장자리가 둥근 조개 모양으로 장식된 것으로 의복의 가장자리, 밑단 등에 사용하며 여성스럽고 장식적이다.
- **패치워크**patchwork : 여러 가지 색상, 패턴, 소재의 작은 천 조각을 이어 붙여 만드는 기법이다.
- **아플리케**applique : 여러 가지 재료를 다양한 형태로 덧붙이는 장식 기법이다.

CHAPTER 4

액세서리
스타일링

액세서리는 전체적인 패션 이미지를 조정하는 중요한 요소로 본체에 부속된 것을 말하나 귀고리, 목걸이, 브로치 등 보석으로 된 주얼리 부터 넓게는 가방, 신, 모자, 장갑, 벨트 등 기능과 장식을 목적으로 한 패션 소품을 말한다. 다양한 액세서리를 활용한 스타일링은 다른 사람과 차별화하고, 특별하게 보이게 한다. 훌륭한 액세서리 몇 가지가 다양한 이미지를 연출하고 창조적이고 멋스러운 스타일링을 주도한다. 패션 스타일링에서 창의적이고 장식적인 면이 부각되면서 액세서리의 중요성과 활용도가 높아지고 있다.

1/ Top Zone

1) 네크 웨어neck wear

목 주위에 착용하는 것의 총칭으로 스카프, 머플러, 숄, 네크 워머 등이 있다. 여름에 에어컨으로 인한 차가운 실내 공기와 실외의 뜨거운 햇볕으로부터 피부를 보호하고 멋스럽기까지 해서 거의 사계절 애용되지만 디자인, 소재, 컬러, 패턴 등의 유행을 탄다. 단순한 디자인이나 특징 없는 코디에 포인트를 주어 이미지를 업 시키고 얼굴과 네크라인을 부드럽게 연출해주며 디자인과 소재, 매는 방식에 따라 다양한 이미지 표현에 효과적이다.

네크 웨어를 고를 때는 체형을 고려해서 키가 큰 체형은 길게, 작은 체형은 길지 않게 넓이와 크기를 선택한다. 얼굴이 크거나 턱선이 넓은 얼굴형은 진한 컬러를 풍성하게 하면 얼굴이 작아 보이며, 얼굴이 작거나 턱이 뾰족한 사람은 밝은 컬러가 부드러워 보인다.

(1) 스카프scarf

기본적으로 목과 어깨에 두르거나 머리에 쓰고 모자의 테두리, 가방끈 등에 장식하는 천으로 보온과 장식에 사용된다. 큰 정사각형, 작은 쁘띠형, 긴 장방형, 삼각형 등이 있으며 끝단은 술 장식을 한 것, 레이스나 장식적인 손뜨개를 하여 붙인 것 등 다양하다. 소재는 실크 새틴, 실크 시폰, 울을 기본으로 성글게 짠 마직물, 합성섬유, 혼방, 편직물, 기모직물, 레이스 등 다양하게 사용한다. 어깨 부분을 부드럽게 감싸면 우아하고 여성스러운 센스가 돋보인다.

(2) 머플러muffler

목에 두르는 긴 장방형의 천으로 방한용이나 장식용으로 쓰이며, 울이나 캐시미어를 기본으로 아크릴과 같은 합성섬유, 혼방도 많이 사용된다. 컬러와 문양, 길이와 폭이

| 스카프 | 머플러 | 숄 | 쁘띠 스카프 | 트윌리 스카프

다양하므로 연출하는 방식과 효과도 다양하다. 또한 빈티지 느낌의 핸드메이드 니트는 복고풍 이미지에 적합하다. 컬러 또는 문양이 다른 두세 개의 머플러를 서로 엮어 하면 독창적이고 스타일리시하다.

(3) 숄shawl

직사각형이나 정사각형의 천, 울을 비롯해 다양한 소재의 제품을 어깨나 등에 둘러 우아한 멋과 보온성을 주는 아이템으로 파시미나가 대표적이다. 때에 따라 한쪽 어깨에 두르거나 무릎 덮개로도 사용한다.

(4) 쁘띠petit 스카프

손수건 크기의 사각형의 작은 스카프로 목, 손목, 백의 손잡이 등에 하는 포인트 장식으로 활용도가 높다.

(5) 트윌리twilly 스카프

가늘고 긴 스카프로 샤프하며 옆 목에서 끈을 앞뒤로 늘어뜨리거나 앞에서 묶는 등 포인트로 하면 매력적이다.

2) 모자

모자는 얼굴을 매력적으로 보이게 하는 장식의 역할과 보온이나 더위, 햇볕 차단, 머리 보호 등 기능적인 역할을 한다. 또한 얼굴형에 따라 어울리는 정도에 따라 차이가 크므로 의복 이미지와 조화를 이루는지 전체 룩을 체크한 후 선택하는 것이 좋다. 모자는 사회성을 지니는 경우가 있으므로 용도와 상황에 맞게 사용해야 한다.

모자의 구조는 머리가 들어가는 부분인 크라운crown과 챙인 브림brim으로 구성되어 있으며 머리에 꼭 맞게 쓰는 캡이나 해트hat가 있고 장식으로 머리에 살짝 얹거나 붙이는 토크toque 같은 스타일도 있다. 의복에 달린 후드는 캐주얼한 느낌이며 기능적이다. 모자챙이 어깨보다 넓은 것은 드라마틱한 멋진 스타일링을 완성해 준다.

▎모자의 종류 및 스타일링

페도라fedora : 남자의 비즈니스용으로 중절모라고 하며 펠트로 된 것이 정통적이나 현대에는 다양한 소재의 제품이 나와 있어 남녀 구분 없이 즐겨 쓴다. 모자 밴드 리본이 넓고 브림brim은 앞부분이 다른 부분에 비해 넓다. 정장, 캐주얼 모두 어울리나 예복에는 쓰지 않는다.

파나마 해트panama hat : 원래 에콰도르 콜롬비아 등 중남미 야자 섬유로 짠 비교적 챙이 넓은 남성용 밀짚모자였으나 현대에는 남녀 구별 없이 여름철에 쓴다.

톱 해트top hat : 남성의 예복용 모자로 크라운이 높고 주로 검정의 광택 있는 소재를 사용하며 실크해트, 오페라해트라고도 한다. 찰리 채플린의 모자로도 알려져 있다.

클로슈cloche : 종 모양으로 크라운이 높고 머리에 꼭 맞는 형태로 챙이 아래쪽으로 갈수록 종 모양을 하는 형태이다. 핸드 니트 클로슈를 쓰고 컬러감이 깊고 풍성한 굵은 롱 니트 카디건을 매치하면 가을 빈티지 이미지가 물씬 풍긴다.

캐플린capeline : 반구형의 꼭 맞는 크라운과 부드러운 웨이브의 넓은 챙이 있는 모자로 얼굴이 작아 보이고 장식성이 강하며 우아하고 멋스럽다. 여름철 레저 웨어 코디에 제격이다.

헌팅캡hunting cap : 사냥용 캡으로 크라운이 앞으로 기울어지고 짧은 앞 챙이 특징으로 남성적인 이미지로 정장, 캐주얼 모두 잘 어울린다. 겨울에는 모직, 여름에는 메쉬, 면, 마 소재로 사계절 소재에 따라 다양하다.

베이스볼 캡baseball cap : 야구선수가 쓰는 모자로 머리에 꼭 맞으며 앞에 챙이 있다. 얼굴이 큰 형은 챙이 넓은 것을 고른다. 캐주얼 모자로 남녀가 즐겨 쓰며 스포츠나 캐주얼 스타일링에 널리 애용되고 있다.

베레beret : 동글납작하고 부드러운 형태의 챙이 없는 모자로 원래는 울로 만들었으나 지금은 다양한 소재로 만들어진다. 겨울에는 니트 소재로도 많이 쓴다. 갸름하거나 긴 얼굴형, 길거나 짧은 머리에 잘 어울리며 시크한 멋을 연출한다.

| 페도라 | 버켓 | 클로슈 | 캐플린 | 뉴스보이 | 썬바이저 |

❙ 베이스볼　　❙ 베레　　❙ 비니　　❙ 토크　　❙ 터번　　❙ 트레퍼

비니beanie : 머리에 타이트하게 붙는 테 없는 모자로 얇은 것에서부터 볼륨감 있는 것까지 다양하며 풍성한 느낌의 비니는 얼굴이 작아 보이고 타이트한 비니는 스포티하다. 여기에 선글라스를 코디하면 샤프한 이미지가 느껴진다.

보닛bonnet : 챙이 없이 목 뒤에서부터 머리 전체를 감싸듯이 가리고 얼굴만 드러낸 모자로 컨트리 이미지 표현에 좋다.

토크toque : 챙이 없고 머리에 꼭 맞도록 쓰는 모자이다. 크기가 작으며 깃털이나 베일 장식이 달려 웨딩용이나 칵테일 드레스용 등 장식적으로 사용된다. 재클린 캐네디 여사가 공식 석상에서 씀으로써 크게 유행하였다.

터번turban : 일반적인 모자 형태가 아닌 긴 천을 가지고 다양한 형태로 머리에 두르는 것으로 본래 더위를 피하고 바람에 날리는 머리를 고정하기 위함이었으나 장식으로도 사용되며 에스닉한 이미지 표현에 좋다.

❙ 모자 스타일링

● 모자의 컬러는 의복 컬러와 비슷한 것이 무난하고 대비되는 컬러는 포인트 효과를 준다.
● 시간, 장소, 상황에 맞는 의복 디자인, 체형, 얼굴형과 헤어스타일의 조화를 고려

TIP　모자 보관법
- 세탁한 뒤 캡 안에 신문지를 뭉쳐 크라운 모양을 잡고 분무기로 습기를 준 다음 그늘에서 말린다. 다음에 캡 뒷부분을 고리에 걸거나 크라운의 반을 접어 여러 캡을 보관한다.
- 펠트 모자는 형태가 유지되어야 하므로 먼지를 솔이나 전용 먼지 제거제로 제거하여 형태가 눌리지 않게 보관한다.
- 모피류의 모자는 먼지를 속까지 깨끗이 털고 박스에 보관하여 털이 눌리지 않도록 하고 방충제를 넣어 둔다.

하여 선택한다.

- 넓은 챙은 키를 작아 보이게 하고 좁은 챙은 얼굴을 커 보이게 한다.
- 얼굴이 작으면 챙이 좁은 모자를 얼굴이 큰 사람은 챙이 넓은 모자를 착용하면 도움이 된다.
- 삼각형이나 사각형의 얼굴형은 이마 부분이 넓은 모자를 착용해야 아래턱이 보완되며, 작은 것을 쓰면 아래턱 부분이 더 넓어 보인다.

3) 목걸이

목걸이는 장식을 목적으로 하는 액세서리다. 예물로서의 상징성을 가지며 목걸이 컬러나 재질, 디자인에 따라 다양한 패션 감성을 가지며 스타일링의 포인트로 작용하고 체형보완에 도움을 준다.

▌목걸이 길이 종류 및 스타일링

칼라collar : 33~36cm 정도로 목 가운데 맞게 착용하는 것으로 긴 목에 어울린다.

초커choker : 36~40cm의 길이로 목에 붙는 스타일이다. 목이 긴 체형에 어울리며 소재에 따라 단아함, 걸 크러시 등 다양한 이미지를 준다. 검정 라운드 넥 원피스에 진주 초커는 오드리 헵번에 의해 크게 유행했던 목걸이로, 진주 크기는 7~8mm가 적당하다.

프린세스princess : 길이가 40~46cm 정도로 목 밑으로 자연스럽게 늘어져 체형에 크게 구애받지 않는 무난한 스타일로 정장이나 캐주얼에 다 어울리며 셔츠의 단추를 두 개 정도 풀어 그사이에 살짝살짝 보이는 것이 매력이다.

마티니matinee : 53~61cm 정도의 길이를 가진 같은 굵기의 구슬을 길게 연결한 것이다. 여러 개를 한 번에 걸거나, 굵기가 다른 여러 줄을 같이 해도 풍성하여 색다른

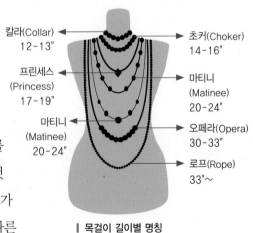

칼라(Collar) 12-13"
초커(Choker) 14-16"
프린세스 (Princess) 17-19"
마티니 (Matinee) 20-24"
마티니 (Matinee) 20-24"
오페라(Opera) 30-33"
로프(Rope) 33"~

▌목걸이 길이별 명칭

멋을 연출한다.

오페라opera : 71~81cm의 긴 길이로 키가 큰 체형에 잘 어울리지만 작은 체형도 이 목걸이를 하면 V존이 깊어 커 보이며 뚱뚱한 체형은 시선이 분리되어 날씬해 보이는 효과가 있다.

로프rope : 101~114cm의 긴 길이로 한 줄을 길게 드리워도 멋있지만 여러 번 감아 짧게 매도 좋다. 또는 목에서 허리로 사선으로 매면 새롭고 스타일리시해 보인다.

래리엇lariat : 122cm 정도의 길이로 끝부분을 묶거나 목에 감아 착용한다.

도그 칼라dog collar : 목걸이 줄에 장식을 연결한 폭이 넓은 것으로 보통 금, 은세공이 나 보석으로 장식한 것이 많다. 특별한 날에 드레스와 함께 매치하면 화사하게 빛 내 줄 목걸이다.

펜던트pendant : 목걸이 끝에 장식을 다는 형태로 정장이나 캐주얼에 많이 응용한다. 정장에는 보석류를 사용하고 캐주얼에는 거의 모든 장식을 다 응용한다. 캐주얼한 끈 으로 길이를 조절할 수 있도록 하여 활용하고 있다.

- 착용자의 의복과 얼굴형, 체형 등을 고려하여 T.P.O에 따라 선택한다.
- 목이 짧은 체형이나 얼굴형이 둥근 사람은 동그란 목걸이를 피한다.

▍칼라, 프린세스　　　▍마티니, 로프　　　▍오페라, 펜던트

- 긴 목에는 초커가 어울리나 짧은 목은 심플한 디자인의 긴 목걸이가 어울린다.
- 가슴이 큰 체형은 목걸이 길이가 가슴선 위에서 끝나는 것이 좋다.
- 목걸이와 뱅글은 여러 개를 동시에 하거나 같은 소재의 골드와 골드, 실버와 실버를 굵기와 디자인에 따라 2~4줄 레이어링 하거나 가느다란 체인에서 굵은 체인까지 믹스 앤 매치하여 다양하고 개성 있는 이미지를 연출한다.
- 체인벨트를 목걸이로 활용하거나 스카프를 매듭 기법으로 체인과 연결해서 나만의 독특한 목걸이로 포인트를 준다.
- 같은 소재의 펜던트 목걸이를 길이별로 2~3개를 레이어링 하면 원래 가지고 있던 이미지와 색다른 모습을 연출할 수 있다.

2／ Middle Zone

1) 백bag

콘셉트가 있는 독특한 스타일링의 완성은 기능성과 장식성을 갖춘 신과 백이다. 사회적인 계층을 상징하는 지위를 얻기 위해 고가의 백을 구입하기도 하지만 타인에게 과시하기 위한 백보다는 자신의 스타일을 돋보이게 할 의복, 상황, 용도, 장소에 맞는 센스 있는 안목을 높이는 것이 우선이다. 검정색, 브라운을 기본으로 하고 흰색이나 라이트 톤 컬러의 백은 여름철이나 밝은 의복에 스타일링하기 좋다. 백의 종류와 특성을 통해 그 용도와 어울리는 스타일링에 대해 살펴보면 다음과 같다.

| 백의 종류 및 스타일링

토트백tote bag : 입구가 열려 있고 손잡이가 짧아 손에 들거나 팔에 걸치는 스타일이나 최근에는 끈을 길게 하여 어깨에 메는 스타일two in one style이 더해져 멋과 기능을 겸비하고 있다. 디자인이나 소재에 따라 캐주얼과 정장을 아우를 수 있는 다목적용으로 효율적이다. 매우 큰 백을 빅 백이라 하여 패션 포인트가 된다.

쇼퍼백shopper bag : 토트백의 일종으로 심플하고 다양한 패턴이나 컬러 배합, 가벼운 소재로 된 빅 백으로 가볍고 커서 쇼핑하기 좋고 실용적이어서 패션 아이템으로 활용된다.

솔더백shoulder bag : 어깨에 멜 수 있는 디자인의 총칭으로 끈 길이를 조절할 수 있으며 양손을 쓸 수 있어 활동적이고 세련된 도시적 느낌과 젊음의 뉘앙스가 풍긴다. 실용적이며 메신저 백, 크로스백, 머스murse라고도 하는데 이는 메일male과 퍼스purse의 조합이다. 크로스백은 되도록 가벼운 백을 들고 백 바닥은 엉덩이 아래 정도가 좋다. 매우 작은 것은 미니 백, 마이크로 미니 백이라고 한다.

호보백hobo bag : 호보(hobo, 부랑자)들이 나무막대기에 짐 꾸러미를 끼워 다녔던 것에서 유래한다. 밑바닥이 정확한 형태 없이 주머니처럼 둥글게 생긴 백으로 내용물에 따라 형태가 만들어진다. 서류나 소품을 많이 넣으면 섞여서 찾기 어렵지만 형태가 부정형이므로 캐주얼 스타일에 어울리며 자유롭고 낭만적인 감성을 지닌다.

새철백satchel bag : 학생 백에서 유래되었으며 아랫부분은 형태가 잡혀있지만 윗부분은 대개 둥글고 지퍼나 플랩flap으로 닫는다. 학생용이나 캐주얼, 보이시 룩에 어울리며 일상 용도에 적합하다.

| ▌ 토트 | ▌ 빅백 | ▌ 호보 | ▌ 새철 | ▌ 솔더백, 미니백 |

| ▌ 클러치 | ▌ 파우치 | ▌ 쌕 | ▌ 톱 핸들 | ▌ 에코백 |

TIP 백 보관법

가죽 백은 부직포로 된 더스트 백이나 면이나 통풍이 잘되는 천에 감아 보관한다. 가죽은 1년에 한 번 정도 가죽 보호제를 바르면 수명이 길어진다.

클러치clutch : 끈 없이 손으로 감싸 쥐는 백으로 숄더백과 겸용인 것도 있다. 격식을 차려야 하는 특별한 모임이나 파티를 위해 한두 개 정도는 장만해 두는 것이 좋다. 위쪽을 잡을 경우 모서리 끝부분만 살짝 잡아 각을 살려주거나 옆구리에 끼거나 손으로 감싸기도 한다. 이브닝 백으로 특수 가죽, 새틴이나 벨벳 클러치가 일반적인데 의상에 따라 디테일이 심플하거나 화려한 것을 선택한다.

파우치pouch : '작은 주머니'란 의미로 소품들을 주로 넣어 다니는 용도이다.

쌕sack : 룩 쌕의 일종으로 크기도 다양하고 등에 메기 때문에 편리하고 실용적이어서 여행용, 학생용은 물론 모든 연령층에 많이 사용된다. 패션 아이템으로도 손색이 없다.

톱 핸들top handle : 손잡이가 위에 달린 디자인으로 헤르메스Hermes의 켈리백이 대표적이다. 정장에 가장 잘 어울리며 도시 여성의 우아한 느낌을 주므로 정장을 많이 입는다면 이런 디자인의 백이 유용하다.

2) 벨트belt

허리를 중심으로 그 주위에 매는 것으로 끈이나 띠 형태이며 버클을 사용하거나 묶는 방법, 엮는 방법 등으로 고정한다. 벨트는 소재, 굵기, 넓이, 장식, 기능에 따라 여러 종류가 있다. 가능한 한 고급으로 용도와 스타일에 맞게 선택하며 체형 보정, 코디 방법, 스타일링에 중요한 역할을 한다. 여름철에는 벨트를 매면 열감이 있고 겨울철에는 더 따뜻하다.

벨트를 고를 때는 의복의 이미지와 체형을 고려하여 선택하는데 키가 크고 날씬한 체형은 벨트 폭이 넓고 장식이 화려한 디자인을 하고 키가 작고 통통한 체형은 벨트 폭이 좁고 장식이 많지 않으며 어둡고 차분한 컬러가 좋다. 의복의 여유분과 두께를 고려하여 최소 5cm 이상 여유가 있는 것을 고른다.

상의와 같은 컬러의 벨트를 하면 상체가 길어 보이고 하의와 같은 벨트를 하면 하체가 길어 보이므로 의복에 맞춰 컬러를 고른다.

▌벨트의 종류 및 스타일링

스트레이트 벨트straight belt : 제 허리선에 매는 일자로 된 기본 벨트로 버클에 포인트를 준다.

▎스트레이트 벨트 　　▎콘차 벨트 　　▎신치 벨트 　　▎로슬렁 벨트 　　▎패션 벨트

브레이드 레더 벨트braided leather belt : 가죽끈을 모양을 내어 엮어 만든 벨트로 검정과 브라운 컬러를 기본으로 하며 외관상 여름에 하면 시원한 느낌을 준다.

체인 벨트chain belt : 금속 고리를 이어서 만든 벨트로 금속체인에 가죽이나 끈을 엮어서 하기도 한다. 금속은 여름에 시원함과 함께 여성스럽고 모던하며 면, 마, 종이 끈 등은 캐주얼웨어나 리조트웨어에 잘 어울린다.

아이비 벨트ivy belt : 레지멘탈 문양으로 된 직조형태의 벨트로 팬츠나 상의 컬러에 맞추거나 대비되는 컬러로 악센트 역할을 한다. 스포티 캐주얼 이미지에 잘 어울리며 젊어 보인다.

더블 벨트double belt : 폭 넓은 벨트 위에 가는 끈을 두 줄로 붙여서 버클 두 개로 매는 벨트이다. 넓어서 허리가 가늘어 보이며 전체를 가죽으로 하거나 버클 부분만 가죽으로 하고 나머지는 엘라스틱 밴드로 하기도 한다.

웨스턴 벨트western belt : 정장용 벨트보다 폭이 넓고 버클 장식이 크고 둥근 형태로 가죽에 세공을 곁들인 것이 특징이고 주로 브라운 컬러가 많다. 블루진 셔츠와 팬츠에 하면 터프한 남성미가 느껴진다.

신치 벨트cinch belt : 스페인어의 말의 안장에서 유래한 명칭으로 사각형이나 원형의 커다란 신치 버클이 달린 폭이 넓고 튼튼한 벨트이다. 블라우스나 셔츠를 스커트에 넣어 입을 때 하거나, 셔츠 위에 하고 셔츠를 넉넉하게 끌어 올려 입으면 감각 있어

TIP　벨트 보관법

가죽 제품은 말아 두지 않는다. 늘어날 수 있으며 습기 차면 곰팡이가 생길 수 있으니 완전히 건조해 가죽 크림 전용으로 닦아준다.

보인다.

로슬렁 벨트low slung belt : 허리라인 아래로 웨이스트에 걸리는 벨트로 힙본 벨트라고도 한다. 힙본 스타일의 팬츠나 스커트에 매치하거나 셔츠나 롱 스웨터, 카디건 위에 허리 아래로 느슨하게 매면 스타일리시해 보인다. 의복의 전체 스타일링을 엣지 있게 살려준다.

3/ Bottom Zone

1) 구두

구두는 패션을 완성하는 중요하고도 감각적인 아이템으로 소모적이며 유행과 개인의 취향에 따라 다양한 형태를 보인다. 내구성, 보온성, 안락함 등은 기본이고 패션성이 매우 중요시 되고 있다. 특히 스틸레토 힐은 길고 뾰족한 굽에서 느끼는 섹시한 성적 매력에 빠지기 쉬우며 인간의 원초적 욕망의 의미가 표현되어 있다.

보기에 불편할 것 같은 킬 힐kill heel이나 스틸레토 힐stiletto heel도 발에 잘 맞으면 편하다. 반면 앞코가 넓은 디자인도 모두 편하지는 않으며 큰 사이즈는 오히려 앞발에 힘을 주게 되어 더 힘들다. 킬 힐이나 웨지 힐은 발목에 무리가 가니 오래 신지 않도록 한다. 구두는 유행을 많이 타므로 키와 체형에 맞추고 기본을 포함해 자신에게 어울리는 스타일을 선택하는 것이 효과적이다. 오후 4시경에 반드시 신고 걸어본 뒤 구입하고, 심미성, 기능성, 편안함 등을 갖추어야 한다. 구두의 종류는 크게 슈즈, 샌들, 부츠로 나뉜다. 슈즈는 바로 신을 수 있는 폐쇄형이며, 샌들은 발등 부분이 노출되어 끈이나 밴드 등으로 여미도록 하여 개방적이며, 부츠는 발목 위로 올라오는 구두이다.

(1) 구두의 종류

- **펌프스**pumps : 가장 기본형의 구두로 끈이 없고 앞뒤가 막혀 있다. 또한 굽의 형태나 길이, 장식에 따라 다양하다. 검정의 고급스러운 가죽 소재가 기본적인 디자인으로 활동하기에 적당한 굽과 자신의 발에 잘 맞는 사이즈를 구비해 놓도록 한다. 여성 정장, 캐주얼 스커트, 팬츠 등에 잘 어울린다. 양 사이드가 없는 슈즈는 도르

세이d'Orsay라고 한다.

- **스틸레토 힐**stiletto heel : 뒤 굽이 날렵하게 가늘고 뾰족한 높은 굽을 스틸레토라고 하는데 원뜻은 이탈리아어로 '단검'이란 뜻이다. 다리가 길고 날씬하게 보이므로 타이트한 스커트의 섹시한 이미지 스타일링에 적합하다.

- **플랫 슈즈**flat shoes : 굽이 낮은 슈즈를 통칭하며 펌프스나 샌들 모두 포함된다. 최근 계속 유행하는 구두로 미니스커트, 스키니 진, 사브리나 팬츠 등 거의 모든 아이템과 코디가 잘되며 사랑스럽고 편안한 형태이다. 토toe의 모양과 다양한 소재, 컬러, 코사지나 리본, 비즈, 태슬 등 장식에 따라 디자인이 결정된다.

- **슬링 백**sling back : 발뒤꿈치 부분이 끈으로 연결된 디자인으로 오픈 백이라고도 하며 끈을 버클buckle로 조절하거나 엘라스틱 밴드elastic band로 조여 주는 형태도 있다. 발가락이 보이지 않고 뒤꿈치에 여유가 있어 편하고 더운 계절 땀이 차지 않아 시원하다.

- **오픈 토**open toe : 슬링 백과 반대로 뒤는 막히고 앞을 오픈한 슈즈로 발가락에 여유가 있어 편하다. 하지만 오픈된 부분에 발가락이 많이 빠지면 의외로 보기도 안 좋고 뒤꿈치가 남아 오히려 불편할 수 있다. 앞에 작은 구멍이 있으면 핍 토peep toe라는 명칭을 쓴다.

- **플랫폼 슈즈**flat form shoes : 얼핏 보면 펌프스와 비슷하나 앞에도 굽이 있는 슈즈로 웨지 힐wedge heel도 여기에 속한다. 킬 힐이 2000년대 후반 대유행을 하였는데 뒷굽과 앞굽(가보시)이 같이 높아지면서 힐보다 힘들지 않아 키가 커 보이고 싶은 여성들에게 유혹적이다.

- **부티**bootee : 부티는 복사뼈 경계까지 오는 길이의 부츠로 일반적으로 앵클부츠보

┃ 펌프스　　┃ 스틸레토 힐　　┃ 플랫　　┃ 슬링 백　　┃ 오픈 토　　┃ 플랫폼

┃ 부티　　　┃ 옥스퍼드　　　┃ 웨지 힐　　　┃ 에스빠드류　　　┃ 메리제인　　　┃ 통(플립플랍)

다 발목 부분이 짧은 발등이 덥힌 부츠로 굽이 다양하다. 타이트스커트나 스키니 진에 부티를 매치하면 섹시하고 활동적인 커리어 우먼의 이미지가 느껴진다. 옥스 퍼드 슈즈 형태는 '옥스퍼드 부티'라고 한다.

- 옥스퍼드 슈즈oxford shoes : 발등의 장식을 끈으로 묶는 레이스업 디자인으로 남성 옥스퍼드를 참고한 중성적인 매력으로 앞코와 뒤꿈치를 다른 컬러 가죽으로 덧댄 디자인을 '윙 팁 옥스퍼드wing tip oxford'라고 한다.

- 웨지 힐wedge heel : 통굽이라 불리는 웨지 힐은 앞뒤 굽이 하나로 연결된 형태로 옆에서 보면 삼각형 모양으로 웨지(쐐기) 같다고 하여 붙여진 이름이다. 굽도 높게 느껴지지 않고 발바닥도 덜 아픈 아이템으로 양말과 같이 신으면 스타일리시해 보인다.

- 에스빠드류espadrille : 웨지 힐 중에서 굽을 마 줄기나 짚으로 꼬아 붙여 여름 이미지가 물씬 풍긴다. 여름철 레저 웨어나 일상용으로도 애용되며 유행을 많이 타는 아이템이다. 앞뒤가 막히고 전통적으로 캔버스 재질에 마로 된 밑창(jute sole)으로 리조트 스타일에 잘 어울린다.

- 메리제인 슈즈merry jane shoes : 앞코 모양이 둥글고 발등 위로 끈(스트랩)이 지나가는 여아들이 많이 신는 소녀 취향의 스타일로 여성적이고 귀여우며 로맨틱하다.

- 통tong : 발 등에 V자 끈이 있는 해변용 슬리퍼로 나왔으나 지금은 모든 스타일에 적용한다. 이와 유사한 플립 플랍flip flop은 고무로 만들어진 밴드를 두 번째 발가락 사이에 끼우는 슬리퍼이다.

- 뮬mule : 뮬은 뒤가 없고 앞은 마감된 스타일을 지칭하는 프랑스어로 굽 높이는 다양하고 여성들이 주로 신는다. 뒤가 없어도 격식 있는 자리에서 통용되며 트렌드에

민감하다. 블로퍼는 뮬의 일종으로 백리스로퍼라고도 불리는데 앞은 로퍼, 뒤는 슬리퍼 모습을 하고 있다. 간편하게 신지만 모던하고 세련된 스타일로 트렌디하다.

- 로퍼loafer : 굽이 넓고 낮으며 발등을 덮는 심플한 스타일로 신기가 편하며 속 재질에 따라 양말이나 스타킹을 신지 않아도 편하다. 원래 로퍼는 '게으름뱅이'란 뜻으로 '발틀에 아무렇게나 쉽게 신는 신'이라는 뜻에서 유래했다.

- 모카신moccasin : 한 장의 가죽 밑창이 발등까지 덮는 스타일로 구두 앞부분이 U자 모양을 이루며 실로 꿰맨 매우 편한 슈즈이다. 편하고 쾌적하여 여행할 때 유용하다.

- 드라이빙 슈즈driving shoes : 바닥이 낮고 연한 통고무나 가죽으로 연결되어 활처럼 휘어지는 유연성이 좋은 슈즈로 운전할 때 감각이 잘 전달된다. 셔츠에 진 팬츠 매치가 어울리는 아메리칸 스포츠 룩을 연출할 때 신으면 효과적이다.

- 스트랩 슈즈ankle strap shoes : 슈즈 모양에 상관없이 끈이 발목에 있는 것을 앵클 스트랩, 발목 끈의 중심에서 수직으로 끈이 있어 t스트랩이라 한다. 발등을 세로로 분할해 다리와 시선이 연결되어 길어 보이고 발목의 끈으로 지지해 주므로 잘 벗겨지지 않고 섹시한 매력이 돋보인다.

- 스니커즈sneakers : 캔버스에 바닥이 고무로 되어 있어 가볍고 걸을 때 소리가 나지 않아 '살금살금 걷는 사람'이라는 의미를 가진 스니커즈라는 이름이 붙었다. 밑창이 고무로 된 운동화로 스포츠 룩이나 힙합 등 캐주얼 또는 스포츠용으로 출발했으며, 최근에는 남자 세미 정장이나 여성스러운 스타일에 매치해 크로스오버 룩을 연출한다. 슬립 온은 단추, 끈, 지퍼 등이 없어 신기 쉽다.

- 스포츠 샌들sports sandal : 신고 벗기 편하고 활동적인 스포티한 디자인의 샌들로 특히 스포티 플랫폼 슈즈는 5~7cm의 통굽에 각선미와 스타일을 표현하는데 제격

| 뮬 | 로퍼 | 모카신 | 드라이빙 | 스트랩 샌들 | 스포츠 샌들

이다. 스포티한 디자인에 섬세한 장식과 여성스러운 디테일을 가미해 가벼운 캐주얼, 애슬레저 룩, 드레시한 스타일까지 잘 어울린다.

- 글래디에이터 샌들gladiator sandal : '글래디에이터'는 로마 시대의 검투사란 의미로 그 당시에 그들이 신었던 슈즈에서 이름을 따와 가죽끈을 길게 하여 발을 감싼 모양의 샌들을 말한다.

(2) 구두의 스타일링

- 가죽 구두는 검정과 브라운이 가장 보편적이고 많이 신는다.
- 굽이 길고 날씬한 구두가 웨지 힐보다 날렵하고 키도 커 보이고 우아하다
- 구두 컬러는 의복 컬러보다 약간 어두운 것이 좋다
- 앞코가 뾰족한 구두는 발이 길고 가늘어 보인다.
- 검정이나 브라운 컬러의 구두는 흰색이나 파스텔계통의 의복에는 무거워 보이므로 연한 회색 톤이나 베이지 톤, 누드 톤이나 밝은 금속성 컬러도 좋다.
- 디자인이 멋지고 독창적인 구두는 스타일링에 플러스 알파도 될 수 있지만 어울리지 않는다면 오히려 스타일링에 마이너스가 될 수도 있다.

(3) 부츠의 종류 및 스타일링 부츠의 종류

부츠는 길이, 소재, 디자인 등에 따라 이름이 붙여지며 소재는 가죽을 가장 많이 사용하고 그 외에도 합성 피혁, 스웨이드, 양털, 비닐, 니트 소재 등 다양하다.

▎부츠의 길이에 따른 분류

부티bootee : 부티는 복사뼈 경계까지 오는 길이로 일반적으로 굽이 다양하다. 타이트

▎앵클　　　▎니하이　　　▎싸이하이　　　▎데저트　　　▎어그　　　▎첼시

스커나 스키니 진에 부티를 매치하면 섹시하고 활동적인 커리어 우먼의 이미지가 느껴진다.

앵클부츠ankle boots : 시즌에 맞게 스타일리시하게 착용하며 팬츠나 스커트, 크롭트 팬츠에 잘 어울린다. 타이트한 디자인은 발목이 날씬하게 보인다.

니하이 부츠knee high boots : 무릎길이의 부츠로 매끈한 허벅지를 강조하며 다리의 단점을 커버할 수 있다. 방한용으로 좋으며, 기본적으로 검정이나 브라운을 장만하면 겨울철 다양하게 스타일링하는 데 효과적이다.

싸이하이 부츠thigh high boots : 허벅지까지 오는 길이로 무릎 뒤가 굽혀질 수 있도록 디자인되어 있으며 자신만의 개성을 살릴 수 있다. 미니나 쇼츠 등에 스타일링하면 다리가 길어 보이며 매력적이다.

▍ 부츠의 디자인에 따른 분류

데저트 부츠desert boots : 앵클 높이의 스웨이드로 된 아일릿eyelet이 두 개 뚫려있는 레이스 업 부츠다.

어그 부츠ugg boots : 속이 꼬불꼬불한 양털로 되어 있어 폭신하며 편하고 보온성이 매우 높은 둥근 모양의 캐주얼한 부츠이다. 뭉툭한 모양에서 '어그ugg'라는 이름이 붙여졌다.

첼시 부츠chelsea boots : 사이드 고어 부츠라고도 하며 양 옆에 고무 밴드를 넣은 앵클 길이 정도의 부츠로 세련되고 신고 벗기에 편하다.

슬라우치slouch 부츠 : 부드러운 가죽을 사용하여 발목 부분의 주름이 자연스럽다. 스웨이드 소재를 많이 사용하며 스커트와 매치하면 우아하다.

▍ 슬라우치   ▍ 머클럭   ▍ 레인   ▍ 라이딩   ▍ 프린지   ▍ 카우보이

머클럭 부츠mukluks boots : 부츠 전체를 모피로 감싼 부츠로 에스키모 부츠라고도 하며 독특한 외양으로 겨울 이미지에 좋으며 눈에 잘 띄고 계절성이 강하다.

레인 부츠rain boots : 고무 소재로 만든 장화 형태의 부츠로 컬러가 다양하여 비나 눈이 올 때 신으면 실용적인 동시에 멋스러운 패션 아이템이다.

라이딩 부츠riding boots : 승마용 부츠로 굽이 낮고 볼이 넓은 스타일이며 발목에 버클 장식이 있다. 튼튼하고 굽이 낮아 편하면서도 스타일리시하다.

프린지 부츠fringe boots : 발목이나 부츠 끝단에 프린지(술) 장식이 된 부츠로 에스닉한 인디언 룩이나 록 시크 룩rock chic look에 잘 어울리는 아이템이다.

카우보이 부츠cowboy boots : 미국 서부 시대의 카우보이가 착용하는 독특한 장식의 롱 부츠로 가죽의 높은 힐이 있고 앞 중심에 슬릿이 있으며 웨스턴 부츠라고도 하며 승 마용 기능도 한다.

TIP 액세서리 전반의 스타일링

- 액세서리는 고급일수록 좋고 여러 가지를 레이어드할 경우는 소재나 컬러로 통일하고 굵기와 크기에 변화를 주고 골드와 실버를 섞지 않는다.
- 강조하고 싶은 부분을 부각하고, 감추고 싶은 부분에서 시선을 멀어지게 한다.
- 메이크업과 의복 스타일을 마무리한 뒤에 어울리는 액세서리로 스타일링한다.
- 화려한 프린트나 디테일, 트리밍이 많은 옷에는 되도록 액세서리를 피하거나 심플한 디자인이 좋고 오버사이즈는 심플한 옷에 어울린다.
- 악센트는 한두 곳에 주고 얼굴 주위에 한꺼번에 세 가지가 넘는 액세서리를 하지 않는다.
- 큰 귀고리나 뱅글 착용으로 대담하고 화려한 분위기를 연출한다. 실버나 컬러풀한 귀고리로 화려하게 변신할 수 있고 팔찌는 백이나 구두 이미지에 맞게 착용한다.
- 반지는 여러 개를 동시에 착용하기도 하는데 컬러와 디자인을 고려하여야 한다.
- 뱅글 소재로는 골드(반 광택), 실버, 나무, 브론즈, 은, 상아, 합성소재 등이 있다. 팔찌는 여러 다른 소재를 한 번에 하 면 풍성하고 색다른 이미지를 준다.

CHAPTER 5

코디
스타일링
테크닉

패션에서의 코디네이션이란 의복, 소품, 액세서리 등을 컬러, 소재, 형태, 실루엣, 디테일 등의 요소에 따라 공통성과 상호관련성, 대조적인 이미지 등으로 분류하고 다시 어떤 시각적인 기준을 가지고 일관성 있는 방법으로 각각을 매치하는 것을 말한다. 개인의 취향이나 트랜드에 따라 맞춰 입음으로써 차별화된 이미지를 만들어내는 스타일링 기법이다.

상황이나 유행스타일 등을 고려하여 코디 기법에 맞춰 잘 어울리도록 센스 있게 스타일링한다면 보다 만족스러운 패션 감각을 표현하게 될 것이다. 기준점에 따라 코디하는 기법은 다음과 같다.

1/ 피스 코디 스타일링

피스piece는 '부분'이란 뜻으로 여기서는 단순히 옷 한 장, 단품을 의미하며 간단하게 상의와 하의, 겉옷을 코디하는 것으로 가장 대중적이고 기본적인 방법이지만 효과는 다양하다. 간결하면서도 변화의 폭이 크고 풍부하여 누구나 손쉽게 스타일링할 수 있고 개성적인 이미지를 연출할 수 있다. 아이템에 따라 독특한 이미지는 물론 파격적인 효

| 피스 코디　　　　　　　　　　　　| 셋업 코디

과를 줄 수 있으므로 컬러나 소재 등 부분적 요소를 감안하여 스타일링해야 한다. 블루 진 팬츠에 심플한 티 하나만으로 감각적인 스타일이 된다든가, 구멍 난 티에 리넨 와이 드 팬츠로 내추럴하게 세련된 스타일을 연출할 수 있다.

2/ 셋업 코디 스타일링

셋업set up의 사전적 의미는 '세우다', '짜 맞추다'로, 패션 스타일링에서의 셋업은 '정 장으로 갖추어 입는다'는 뜻이다. 셋업 코디 스타일링은 품격과 격식을 차린 전통적인 옷차림을 말하며, 상·하의를 같은 컬러의 동일한 옷감을 사용한 클래식한 슈트 정장이 나 드레스 정장이 일반적이다. 현대로 올수록 다른 컬러나 다른 소재로 된 세미 정장 스 타일과 동일한 컬러 소재의 테일러드 재킷에 쇼츠를 매치하거나 정장에 스니커즈를 신 어 캐주얼화 된 셋업 스타일링을 추구한다.

3 / 플러스 원 코디 스타일링

플러스 원 코디 스타일링은 어떤 스타일에 한 가지 아이템이나 요소를 더하여 스타일링에 변화를 주고 강조해서 시각적으로 돋보이는 연출 효과를 내거나, 의외의 새로운 감각으로 전환시키는 방법이다. 기본 의상의 분위기에 소품이나 다른 아이템을 추가함으로써 스타일을 완성하는 예를 들면 육감적인 리틀 드레스 위에 빈티지 재킷으로 보헤미안 분위기를 낸다든가, 얇은 티 위에 퍼fur 베스트를 입어 스포티하면서도 럭셔리한 감각을 살려주는 방법 등이 있다. 눈에 띄는 컬러의 카디건이나 스카프, 벨트 등 액세서리를 이용해 기능성과 멋스러움을 더해주는 플러스 원 코디는 다양한 방법과 함께 널리 사용되는 스타일링 테크닉이다.

4 / 크로스오버 코디 스타일링

크로스오버crossover란 기존의 규범을 파괴하는 성향으로 성질이 다른 것을 하나로 융합시켜 의외의 조화를 꾀하는 스타일링이다. 짝을 잘못 짓다. 조화가 잘 안 된다는 미스 매치miss match의 의미와 같다. 코디 방법으로는 이질적인 질감, 컬러, 문양 등의 아이템들을 스타일링하는 것과, 감각적 · 시대적 · 지역적 · 계절적 · 성별적인 요인 등 서로 상반되는 아이템들을 조합하기도 한다. 이렇게 함으로써 오는 기묘함과 의외성, 재치, 유머러스함 등을 즐길 수 있다. 극단적으로 연출된 것이 코스프레(코스튬 플레이costume play)와 같은 이벤트에서 보이는 스타일이다.

5 / 옵셔널 코디 스타일링

옵션option은 '선택'을 의미하며 디자이너나 업체의 제안이나 의도에 상관없이 착용자가 자신의 감각대로 아이템을 선택하고, 그것들을 자유롭게 코디함으로써 개성적이고 독창적인 룩을 보여주는 코디 스타일링이다. 선택 수요 시대로 정의되는 이 시대의 커

| 플러스 원 코디 | 크로스오버 코디

다란 흐름으로 T.P.O에 구애받지 않고 자유를 키워드로 하는 방식이며 패션 리더적인 자부심을 갖게 한다. 이 스타일링은 다른 사람과 구별되는 안목과 독창적 코디 센스를 과시한 흔적이 보이는데 이들을 트렌드세터라고 한다. 이런 현상은 시대적 변화와 그에 영향받은 라이프스타일과 무관하지 않다. 셔츠 자락을 한 쪽만 벨트 속으로 넣어 입거나, 톱을 보텀으로, 셔츠를 허리에 묶는 등의 다양하고 독창적인 방법들이 꾸준히 스타일링되고 있다.

6 / 레이어드 코디 스타일링

레이어드layered란 '층을 이루다', '옷을 겹쳐 입는다'는 의미로 러시아 지방의 소수민족인 코사크족의 민속 복에서 유래하였다. 패션에서는 겹쳐 입었을 때 길이나 품, 디자인 등의 차이로 겉옷이 더 짧아 층을 이루거나 안에 입은 옷 모양이 비치거나 보이도록 복합적으로 매치시키는 방법이다. 여러 다른 요소들이 한 스타일에서 결합하면 예상치

▌옵셔널 코디   ▌레이어드 코디

못했던 새로운 스타일링이 되기도 하나 정도와 조화의 과도함으로 효과가 반감되므로
일상적인 룩을 위해서는 텍스처나 컬러, 이미지 등을 통일하는 것이 좋다.

　레이어드 코디 스타일링은 현대의 가장 기본적이고 많이 애용되는 스타일링으로 데
콩트라크테déontracté(정장 스타일과 대비되는 자유스러운 복장)적인 요소가 가미되어 기존
의 방식을 일탈한 코디 테크닉으로 새로운 변화와 자유로움을 추구하는 젊은 층에서 주
도적으로 보이며 개성을 살려 멋스럽게 스타일링하는 방법이다.

CHAPTER 6

체형별
스타일링
테크닉

이상적인 체형은 어떤 패션 스타일링의 기본보다 가장 훌륭한 요소로 사람들은 멋진 체형을 가꾸기 위해 노력한다. 주요한 패션 개념 중 하나는 자신의 몸에서 가장 넓은 선만큼 체형도 넓어 보이기 때문에 자신 없는 부분은 되도록 가리려고 한다. 이때, 가리는 사람의 감각 차이에 따라 타인의 시선이 곧바로 가리려는 부위로 끌리기도 하고 전혀 모르게 넘어가기도 한다. 멋진 스타일링은 자신감과 시행착오를 거치면서 가능하다. 체형별 스타일링을 살펴보면 다음과 같다.

1/ 상체는 보통이거나 마르고 하체는 통통한 체형(서양배 형)

이 체형에 속한 그룹이 가장 많으며, 상체를 부각하고 하체를 최소화하는 스타일링이 효과적이다. 허벅지가 커서 단점으로 작용하기도 하지만 건강해 보인다는 장점이 있다. 하체를 풍성하게 스타일링하면 역으로 상체가 더 가늘어 보여 날씬한 허리라인을 강조할 수 있다.

| coordi point

- 어깨에 패드나 장식 등으로 볼륨을 주는 것이 대표적인 코디법이다. 얼굴, 어깨 주위에 스카프나 액세서리로 강조하여 시선을 끌어올리고 하의는 붙고 심플하게 입는다.

- 상의는 밝은색이나 가로선으로 하고, 하의는 어두운색이나 광택이 없는 소재로 튀지 않도록 연출한다.

- 보트 넥boat neck이나 스쿠프 넥scoop neck이 어깨를 넓어 보이게 하고 견장, 요크선에 주름이 있는 옷은 도움이 되나 래글런 소매는 어깨가 좁아 보이므로 피한다.

- 허리라인이 몸에 붙고 엉덩이의 가장 넓은 부위 아래까지 내려오는 재킷이나 허리까지 오는 짧은 재킷이 하체를 날씬해 보이게 한다.

- 원피스는 가로로 넓은 네크라인에 허리라인까지는 붙다가 퍼지는 A라인 스타일이 통통한 하체를 자연스럽게 가려주고 다리를 좀 더 가늘어 보이게 한다.

- 스커트 앞이나 뒤에 턱tuck이 있어 날씬해 보이거나 아래로 갈수록 좁아지는 긴 스커트가 하체를 좁아 보이게 한다.

- 엉덩이를 드러내는 카프리 팬츠보다 통이 약간 넓은 스타일이 다리를 가늘어 보이게 하고 앞코가 뾰족한 굽과 하이힐이 효과적이다.

- 풍성한 실루엣의 허벅지를 가리는 길이의 튜닉이나 셔츠드레스 또는 원피스를 입는다. 롱 베스트는 상체를 슬림하고 길어 보이게 하고 짧은 베스트는 이너웨어를 길게 입고 허벅지를 덮으면 안정적이며 멋스럽다.

- 팬츠는 엉덩이에 아웃포켓이 있는 것이 힙이 작아 보이며 부츠 컷boots cut이 스키니 진이나 스트레이트 실루엣보다 날씬해 보인다.

- 문양이 있는 원피스에 단색의 짧은 재킷이나 베스트를 입고 어두운 컬러의 스타킹과 신을 같은 톤으로 매치시킨다.

2/ 어깨는 넓고 하체는 빈약한 체형(역삼각형)

이 체형의 여성은 보통 하의보다 한 치수 큰 상의를 입는다. 상체를 작게 보이게 하여 시각적으로 하체와 균형을 이루어주는 것이 중요하다. 상대적으로 날씬한 하체를 드러내려는 경향이 있어 하의는 타이트하게 입고 상의는 크게 입는데, 이는 오히려 체형의 결점을 드러내는 것이다.

| coordi point

- 어깨, 네크라인을 여유 있게 드러내거나 분할하고 허리부터 스커트가 활짝 퍼지는 종 모양 라인 또는 허리라인에 볼륨감 있는 옷감을 사용하여 개더gather, 주름 pleats, 러플ruffle 등 부피감이 있어 보이는 디테일로 하체를 부풀린다.
- 어깨가 넓고 가슴이 작은 체형은 엠파이어 스타일은 피하고 가슴을 볼륨업하는 보정속옷을 입는다.
- 상의에 부피감 있는 소재나 어깨를 강조하는 어깨 패드, 어깨 근처에 수평선이나 큰 문양, 견장 장식 등은 피한다.
- 상체는 어두운색, 하체는 밝은색을 입고 상의 컬러와 구분이 되는 베스트나 스카프, 머플러로 상체를 시각적으로 분할하고 세로 스트라이프나 진한 컬러의 문양이 있는 의복이 좋다.
- 깊이 파인 와이드, 스퀘어, 스쿠프, 비대칭의 오블 리크, 홀터 네크라인과 V존이 깊은 의복은 상체가 날씬하게 보인다. 다만, 어깨를 모두 드러내는 홀터 네크라인 디자인은 컬러에 따라 넓은 어깨가 강조될 수도 있으니 유의한다.
- 피해야 할 디자인은 가슴 부분의 러플, 주름 장식, 가로 문양 등과 엉덩이 라인이나 허벅지에 가로 스트라이프가 강하게 있는 디자인이다.

3/ 몸에 비해 허리가 굵은 체형

허리가 몸에 비해 굵은 체형은 착시현상을 이용하면 옷 입는 방식에 따라 충분히 날씬해 보일 수 있다. 보는 이의 시선을 얼굴, 다리 쪽으로 이끌도록 한다.

| coordi point

- 플레어스커트, 프린세스 라인은 허리라인이 날씬해 보이므로 목이나 어깨 주위에

장식이나 액세서리를 하여 시선을 위로 끌어 올린다.

- 허리라인을 가리는 여유 있는 상의와 폭이 좁은 스커트나 팬츠의 코디는 매끈하고 세련된 맵시를 연출한다.
- 상하 단색이나 같은 문양의 옷을 입어 시각적으로 긴 라인을 형성하고 상의에 강조되는 컬러를 첨가하여 포인트를 준다.
- 박스형의 셔츠드레스, 일자형의 로우 웨이스트, 시프트 드레스가 적격이며, 자연스럽게 몸통을 감싸주고 하의를 슬림하게 입는다.
- 길이가 차이 나게 상의를 레이어드하여 입고 하의는 스키니로 스타일링하거나 와이드 팬츠를 매치해도 색다른 연출이 된다.
- 허리에 장식이나 리본, 벨트 등을 하거나 허리라인에서 컬러를 나누는 착용법은 오히려 눈에 띄므로 단점이 드러난다.
- 허리라인에서 끝나는 짧은 상의와 재킷은 피하고 꽉 끼는 허릿단이나 주름, 부피감 있는 옷감은 피한다.

▎ 어깨는 보통이고 하체는 통통한 체형　▎ 어깨는 넓고 하체는 빈약한 체형　▎ 허리만 굵은 체형　▎ 마른 체형

4/ 전체적으로 마른 체형

전반적으로 모든 의복을 잘 소화하는 스타일리시한 멋진 체형이다. 최근의 빅 실루엣을 소화할 때 세련되고 트렌디하다.

| coordi point

- 헐렁한 자루 형태의 색 드레스는 이 체형이 입었을 때 가장 매력적이다. 간혹 통통한 체형을 가진 사람들이 자신의 체형을 커버하려고 시도를 하는데 이는 오히려 체형의 단점을 드러내는 것이다.
- 허리까지 일자인 체형은 루즈한 옷으로 볼륨감과 타이트함의 대비를 활용한다.
- 풍부한 드레이프drape의 허리를 조이는 상의나 드레스, 목 부위나 가슴이 풍부해 보이는 터틀넥이나 가녀린 네크라인을 가려주는 하이넥의 상의, 커다란 상의에 와이드 팬츠로 빅 실루엣을 연출하거나 레깅스나 스키니 진으로 대비감을 준다.
- 어깨나 팔, 가슴, 엉덩이 라인에 러플, 개더, 주름 장식 등을 이용한 풍성한 실루엣이 도움된다.
- 백이나 액세서리는 큼지막하고 터프한 것이 언밸런스한 멋을 주며 패드가 들어간 보정속옷을 착용하여 신체적 볼륨감을 연장한다.

5/ 전체적으로 통통한 체형

허리라인의 위치를 명확히 해주면 몸의 어느 부위에 어떤 컬러나 문양이 어우러진 옷이라도 입을 수 있다. 너무 타이트하거나 큰 옷은 더 통통해 보이고 커 보이므로 허리라인이 약간 들어간 잘 맞는 사이즈를 찾는 것이 중요하다.

| coordi point

- 체형 보정용 속옷의 도움을 받지만 과도하면 살이 두드러져 안 좋다.
- 주로 어두운 수축색을 사용하고 복잡한 디테일보다는 심플한 디자인이 몸매가 두

드러져 보이지 않는다.

- 깊은 V넥이나 앞 중심에 여밈이 있는 옷 또는 세로선이 있는 옷이 길이의 시선을 연장해 더 날씬해 보인다.

- 단색의 심플한 옷이나 중심에 수직선이 더 효과적이고, 가로선이 강한 디자인을 피한다. 문양이 있는 옷을 택할 때는 큰 문양을 포인트로 주어 한곳에 시선이 집중되도록 하고 과도한 장식은 피한다.

- 의복에서 보이는 절개선을 이용하여 수직 느낌을 받도록 한다. 몸통이 가늘어 보이는 컬러 분할과 아이템 활용이 중요하다. 겉옷은 어둡고 안에 입는 옷은 밝게 하여 시선을 분할한다. 안에 입는 옷이 밝고 겉옷이 어두워야 수축 효과가 크다.

- 깊게 파인 셔츠를 스타일링하는 것은 상체를 작게 보이도록 하고 어깨는 좀 넓어 보이게 하므로 상대적으로 날씬해 보인다.

- 넓은 세로줄 무늬를 단색과 매치해서 날씬해 보이도록 한다. 허리라인이 들어간 롱 재킷이나 하프 트렌치코트 등을 매치하면 효과적이다.

- 베스트와 이너웨어의 컬러 대비로 어깨의 시선을 분할하여 날씬해 보이도록 한다.

- 머플러나 스카프는 길게 내리고 긴 목걸이로 V존을 형성하여 상체를 길어 보이게 연출한다.

- 팬츠는 약간 끼더라도 날씬함을 연출할 수 있지만 꽉 끼는 타이트스커트는 다리가 짧아 보인다. 풍성한 스커트, 장식이 많은 스타일은 피한다.

- 크롭트cropped 디자인은 시선을 가로로 더 연장하므로 통통해 보이고 다리도 짧아 보인다.

6 / 하체가 짧은 체형

신체 비례에 대한 문제로 주로 동양인의 체형에 많이 나타나지만 같은 동양인이라도 민족에 따라 차이가 있고 현대로 올수록 서양 체형으로 변화하고 있다. 이 체형은 다리를 길어 보이게 하여 상하의 비례를 맞추는 데 초점을 둔다.

| coordi point

- 상체나 어깨 부위에 문양이나 배색, 단추, 장식 요소가 들어간 의복은 시선을 위로 끌어올려 상체를 주목하게 한다.
- 상의를 짧고 밝게 입고 문양 있는 의복으로 시선을 위로 끌어올리고 허리라인은 제 허리보다 약간 높게 슬림하게 입는다.
- 원피스 위에 짧은 재킷이나 볼레로, 카디건을 매치시키면 하체가 길어 보인다.
- 체형이 드러나는 팬츠보다는 스커트가 효과적이며 미니보다 H라인에 하이힐을 신는다.
- 팬츠는 슬림, 타이트, 벨보 텀, 부츠 컷이 다리가 더 길어 보인다. 상의와 같은 컬러로 코디하면 길어 보이지만 7부나 9부, 커프스나 롤 업roll up 팬츠는 다리를 짧아 보이게 한다.
- 벨트나 하이힐로 상·하체를 황금비율로 나누면 늘씬해 보인다.
- 너무 큰 박시 스타일, 큼직한 니트나 굵은 조직, 롱 니트는 처지는 느낌이 있으므로 피한다.
- 스커트 길이는 미니나 무릎 위가 좋다. 너무 긴 스커트는 키가 작아 보이고 로우

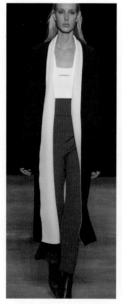   

| 통통한 체형 　　| 하체가 짧은 체형 　　| 팔이 굵은 체형 　　| 팔이 굵은 체형

웨이스트 상의나 롱 재킷은 다리가 더 짧아 보인다.

- 구두는 하의 또는 스타킹과 동일 컬러로 코디하면 다리가 길어 보이고 하이힐을 신되 킬 힐이나 굽이 높은 웨지 힐은 작은 키를 더 두드러지게 하고 무거워 보일 수 있다.

7/ 팔뚝이 굵은 체형

유전적이거나 운동, 직업적 이유, 가사노동 등으로 팔이 굵어지는 경우가 있는데 소매 디자인과 길이를 잘 응용하면 커버할 수 있다.

| coordi point

- 7부 길이의 약간 아래가 넓은 소매로 팔을 가리고 우아한 이미지를 준다.
- 팔의 가장 굵은 부분까진 내려오는 반소매를 입으면 오히려 팔이 더 굵어 보인다. 전체를 여유 있게 가려주는 벨 슬리브나 진한 컬러의 자연스럽게 맞는 소매가 더 효과적이다.
- 재킷을 입을 때는 이너웨어를 얇게 입어 팔이 도드라지지 않게 한다.
- 여름철에는 민소매보다 어깨 부분을 살짝 덮는 캡 슬리브가 도움이 되며 카디건을 덧입는 것도 좋은 코디이다.
- 볼륨감 있는 퍼프소매는 팔만 굵다면 매치해도 좋지만 상체가 비만한 경우에는 피한다.

CHAPTER 7

T.P.O에 따른 스타일링 테크닉

센스 있는 옷차림은 자신을 표현하는 하나의 도구이므로 아무리 멋진 스타일링이라도 T(언제 입는 것인지, time) P(어떤 장소인지, place), O(어떤 상황인지, occasion)에 맞지 않으면 패션 감각이 없어 보인다. 그리고 상황에 맞는 패션 스타일링을 하려면 적절한 의복이 준비되어야 T.P.O에 맞는 시크chic한 차림새를 연출할 수 있다.

1/ 면접

비슷한 스펙을 가진 사람들이 모여 면접을 하므로 옷 입은 맵시와 태도, 첫인상으로 면접관에게 호감을 주고 자신의 감각과 자신감을 드러내야 한다. 현대로 올수록 직종에 따라 면접 스타일링은 개성적으로 진화하고 있으므로 그에 맞게 스타일링하는 것이 효과적이다.

클래식하고 깔끔한 분위기를 기본으로 차분하고 친근감 있는 인상을 주는 것이 좋다. 일반적으로 테일러드 스커트 정장이 적당하나 트렌드에 따라 약간 변형된 재킷도 좋고 팬츠 정장도 진취적이고 활동적인 인상을 주므로 직업에 따라 선호하기도 한다. 스커트는 무릎길이가 좋으며 트임이 짧은 것을 택하고 컬러는 검정, 네이비, 그레이를 기본으로 계절이나 상황에 따라 중간 톤이 좋고 많은 컬러를 사용하지 않는다. 무늬가 눈에 띄는 것보다는 단색이나 옷감 직조에 약간의 변화가 있는 것 정도가 무난하고 재킷은 약간 여유 있고 허리라인이 들어간 절제된 디자인으로 단정한 이미지를 연출하는 것이 좋다.

헤어스타일은 단정한 스타일이 좋으며 너무 긴 생머리나 퍼머 스타일, 과감한 염색, 눈에 튀는 장식 등은 피한다. 과한 화장과 노출은 자제하고, 액세서리는 의복에 어울리는 한두 가지만 한다. 큰 것보다는 작은 것이 세련되어 보인다. 고가의 명품 착용은 자칫 브랜드만 추종하는 것처럼 보일 수 있으니 주의하고 열정적이고 진취적인 자신감을 패션 센스와 이미지로 연출하는 것이 바람직하다. 특히 직종에 따라 철저하게 연출해야 감각적인 면을 인정받을 수 있다.

2/ 장례

깊은 애도와 위로의 마음을 전달하는 자리인 장례식장에 조문을 갈 때는 검정의 수수한 정장 차림이 가장 일반적이다. 검정이라도 광택이 심하거나 비치는 소재, 노출이 심하고 장식적이고 반짝이는 디테일과 과감한 액세서리는 실례가 된다. 검정 외에도 진한 회색이나 네이비 등을 착용한다. 여름철 민소매나 짧은 소매에는 겉옷을 입어 노출을 피하고 검정 하의에 흰색 재킷을 입기도 한다. 헤어스타일과 화장은 단정하고 수수하게 하고 신도 검정 펌프스가 무난하며 컬러풀하거나 화려한 장식이 있는 것은 피한다.

3/ 모임 · 행사

모임에는 연령대나 성격에 따라 의복의 준비가 달라야 한다. 결혼식, 피로연, 졸업식, 입학식, 친목 도모, 각종 가족 행사 등은 많은 사람과의 교류와 친분을 쌓을 좋은 기회이므로 격식과 품위를 갖춰 자신의 이미지를 잘 표현하면 원만하고 즐거운 모임이 될 수 있다.

┃ 면접   ┃ 장례   ┃ 모임 · 행사

우아하고 매력적인 스타일의 원피스 드레스나 스커트 슈트, 팬츠 슈트를 착용하는 것이 일반적이다. 벨벳 소재나 광택이 은은한 실크 새틴 등은 격식 있는 모임에 잘 어울리며 액세서리는 모임의 성격에 따라 화려하고 트렌디하게 해도 좋지만 지나치지 않도록 한다.

맞선, 소개 또는 상견례 등의 자리는 상대방을 존중하는 입장에서 정갈해 보이고 격식에 맞게 갖춰 입는다. 상대방에게 호감을 주는 스타일링은 화사하고 여성스러우면서도 우아함을 잃지 않는 부담감 없는 깔끔한 스커트 슈트나 원피스 드레스가 좋다. 노출이 심하거나 트렌디한 스타일은 삼간다. 유행을 좇는다는 인상을 줄 수도 있다. 특히 원색적이지 않은 밝은 컬러는 화사하고 선한 이미지를 준다. 파스텔 컬러나 따뜻한 컬러로 생기 있고 부드러우며 사랑스러운 이미지가 전달되도록 한다. 액세서리는 의복과 잘 어울리는 것으로 지나치게 크거나 화려한 것은 피하고 깔끔하고 차분해 보이는 여성적인 이미지를 착용해서 효과를 준다.

결혼식 하객은 결혼식을 빛내주면서도 신부보다는 주목받지 않도록 차분하고 단정하게 차려입는다. 결혼식임을 고려해 밝고 과한 노출, 진한 화장 등은 삼가고 화사한 분위기로 스타일링한다.

슈트에 블라우스, 셔츠 코디는 부드러운 컬러 배합으로 하거나 채도가 높은 다크 컬러 겉옷에 화사한 이너웨어로 매치해 분위기를 상큼하게 한다. 컬러 톤이 다소 칙칙하다면 액세서리나 스카프, 핸드백 등으로 포인트를 주어 밝게 한다.

4 파티 · 클럽

1) 파티 룩

(1) 칵테일 드레스

애프터눈 드레스보다는 화려하지만 이브닝드레스만큼 호화롭고 드레시하지 않은 칵테일 드레스는 짧은 길이에서부터 긴 길이까지 다양하다. 저녁부터 밤에 걸쳐 열리는 칵테일파티를 위한 드레스는 칵테일파티 용도 외에도 결혼식 피로연이나 각종 공연을 관람할 때에도 착용하는 경우가 있다.

- 무릎 위 길이의 실크 소재 원피스에 클러치, 칵테일 링, 금속 체인 목걸이, 뱅글로 화려하게 코디하고 스트랩 힐 슈즈로 스타일링한다.
- 휴양지의 럭셔리한 리조트 호텔에서는 우아하고 품위 있으며 여유롭고 아름다운 심플한 시폰 소재의 원피스나 셔츠, 와이드 팬츠로 연출한다.
- 여름철 낮에 하는 파티나 리조트웨어로 시폰 소재의 노출이 약간 있는 슬리브리스 원피스나 어깨가 노출된 탑 드레스를 착용하고 어울리는 목걸이나 귀고리, 힐을 스타일링한다.

(2) 이브닝드레스

- 리틀 블랙 드레스의 정장풍과 실크 소재의 반짝이는 스팽글, 비즈, 큐빅 등으로 장식한 드레스가 대표적인 이브닝드레스로 비교적 폭넓게 착용할 수 있다.
- V존이 깊어 가슴골이 보일 듯한 노출에 재킷이나 톱을 입고 검정 컬러가 주는 섹시함을 타이트하거나 드레시한 원피스로 매치한다. 또는 원피스에 검정 재킷을 매치

▮ 칵테일 드레스　　　　　　　　　　▮ 이브닝드레스　　▮ 클럽 룩

해도 세련되고 우아하다. 부분적으로 새틴 소재를 써서 광택을 주면 돋보인다.

몸매를 드러내는 발목 길이의 드레스, 보석 장식의 스트랩 슈즈나 하이힐 펌프스, 샹들리에 타입의 귀고리, 크리스털이나 패션 레더, 실크 소재의 작은 클러치 백이나 이브닝 백, 다이아몬드나 보석 귀고리와 목걸이로 연출한다. 헤어는 자연스러운 웨이브나 업스타일이 화려하면서 우아해 보인다.

2) 클럽 룩

- 수년 전과 비교하면 특별한 격식을 찾기보다는 일상복에 가깝게 착용한다.
- 가슴골이 살짝 보이고 그 사이로 검정 브래지어가 섹시하게 보이는 클리비지 룩 cleavage look으로 스타일링한다.
- 가죽 바이커 재킷이나 블루종에 스키니 검정 팬츠, 같은 재질의 타이트한 슈퍼미니, 울트라 쇼츠의 스타일링, 디자인이 심플하고 캐주얼한 글리터링 미니드레스나 톱에 글래디에이터 부티 코디, 프린지 장식의 미니드레스나 베스트 또는 짧은 퍼 베스트를 스타일링하면 돋보인다.
- 무채색의 모노톤 의상에는 금속이나 선명한 컬러의 액세서리로 포인트를 준다.

5/ 스포츠 · 레저

현대인들은 일상생활이란 틀에서 벗어나 조용히 쉬면서 심신을 이완시키고, 체력을 보강하고 다시 일상으로 돌아가고 싶어 한다. 이를 위해 전문적인 스포츠에서부터 생활 스포츠, 여행, 사교 등을 즐기며 다양한 스포츠 · 레저 활동을 하게 된다.

스포츠를 할 때조차 멋지게 보이면서 땀을 배출하고 흡습성이 좋고 체온 유지, 신축성 등 기능이 첨가된 스포츠웨어를 착용하면 마음가짐이 더 적극적으로 임할 수 있게 되어 운동능력도 향상되고 신체도 보호되는 이점이 있다. 여러 활동 중 편의성, 기능성, 패션성을 요구하는 여행 스타일링을 살펴보았다.

여행

여행 시에는 이동에 간편하면서도 멋스러운 차림을 하고 계절을 고려하여 도착지에 적절한 의복을 준비한다. 바닷가로 갈 때는 가로 스트라이프 티와 흰색 팬츠, 세일러 모자, 선글라스로 매치한 마린 룩marine look으로 준비한다. 또 바다 컬러와 잘 어울리는 흰색, 오렌지, 네이비 등 화사한 컬러로 된 셔츠나 여유 있는 팬츠를 매치하고 스카프를 포인트로 하는 크루즈 룩cruise look으로 경쾌하고 세련되게 스타일링한다. 바람을 막기 위한 선명한 컬러의 윈드브레이커도 준비한다.

6/ 사무직

격식 있으며 너무 튀지 않는 자연스러운 스타일로 베이지, 그레이, 네이비, 검정(딱딱 하므로 상황에 따라) 등을 주로 입는다. 요즘 회사들은 예전과 달리 비즈니스 캐주얼을 많이 입는다. 반드시 정장을 입어야 하는 것은 아니므로 캐주얼 정장에서 캐주얼한 복장까지 광범위하게 입는 실정이다. 그렇지만 회사에서 삼가야 할 복장을 알고 현명하고 세련되게 입어 감각이 돋보이도록 한다.

사무실에서 삼가야 할 스타일링은 운동복이나 트레이닝복, 찢어지고 지나치게 구겨지고 타이트한 옷, 트인 원피스나 스커트, 짧은 미니, 발목까지 치렁치렁한 원피스나

| 스포츠 | 레저 | 여행 | 사무직 |

스커트, 선정적이고 섹시한 옷, 끈 탱크톱, 등이 드러난 홀터 넥 등 다소 까다롭다. 또 거부감 드는 문구나 그림이 있는 옷, 노출이 심하거나 비치는 옷, 해변용 신발, 보디 피어싱, 소리가 나거나 현란한 액세서리와 네일 등도 피한다. 사무직에 어울리는 캐주얼은 캐주얼을 입고도 신뢰감과 힘을 보여줄 수 있어야 한다. 마케팅이나 영업부서는 강하고 신뢰감이 가는 이미지, 컬러보다는 명암과 선, 강한 대조 등으로 심플함과 강렬함을 표현한다.

- 스웨터 세트는 캐주얼하면서도 우아하다. 스커트는 다른 컬러로 매치하여 정장 느낌을 피한다.
- 심플한 티셔츠 위에 여유 있는 깔끔한 셔츠를 레이어드해서 입어도 좋다. 무게감 있는 면, 레이온, 실크, 캐시미어 티셔츠는 사무용으로 잘 활용할 수 있다.
- 캐주얼 정장을 티나 셔츠와 매치하고 다양한 실루엣의 팬츠와 입으면 캐주얼하면서도 사무용으로 알맞다.
- 단순한 티나 셔츠에 받쳐 입는 어두운 컬러의 팬츠 슈트는 멋질 뿐만 아니라 활동적으로 보이고 자신감 있어 보인다. 액세서리에 변화를 줌으로써 정장으로 또는 캐주얼하게 입을 수 있다.

MEMO

PART 02

패션 상품
설명회

CHAPTER 8

상품 설명회 열기

1/ 상품 설명회 준비계획

상품 설명회는 패션 업체가 다음 시즌에 출시할 신상품을 국내 및 해외 바이어, 유통 관계자, 협력 업체, 대리점주, 매장 판매사원 또는 미디어, 언론 등에 미리 공개하여 알리는 행사이다. 상품 설명회를 통해 자사 브랜드 상품의 디자인 콘셉트, 상품 전략, 상품 기획 방향 등을 다음 시즌 패션 트렌드나 전년 도 시즌 평가와 비교하여 설명할 수 있으며 이 설명 을 통해 판매 가능성을 적극적으로 홍보하는 것이 다. 상품 설명회를 준비하기 위해 패션 트렌드, 브 랜드 콘셉트 및 시즌 콘셉트 정보가 필요하다.

1) 상품 설명회의 기능

(1) 홍보 기능

상품 설명회는 상품의 콘셉트와 이미지를 포함한 상품 정보를 다양한 이미지나 메시지로 전달함으로

▎**플러쉬미어 상품설명회**
경인미술관 2017.08.16~08.22

■ 홍보 인스타그램
sibo_fashion

■ 페이스북
8 seconds

■ 브랜드 사이트
plushmere

■ 잡지 인쇄물
Styler

■ 안테나 숍
plushmere

써 효과적인 홍보 기능을 하며 판촉활동을 위한 마케팅의 역할을 한다. 상품 설명회 이외에도 홍보 수단에는 인스타그램, 블로그, 페이스북, 인터넷 카페 등 SNS와 브랜드 사이트를 통해 온라인으로 홍보한다. 소셜 커머스, 안테나 숍, 기자회견, 인쇄물, 로비 활동, 거리 홍보, 강연 및 세미나, 공공 서비스 활동 등이 포함된다.

(2) 수주 기능

유통 업체가 패션 업체로부터 제품을 주문하는 행위로 국내의 백화점이나 몰mall, 마트 등 대표적인 유통 구조는 대부분 제조업체로부터 직접 매입을 하지 않고 중간 판매업자가 판매와 재고 부담을 가지며 그들에게 수수료를 받는 형태가 대부분이다. 예를 들어 패션 업체는 직접 생산하기보다는 프로모션업체로부터 사입을 받거나 도매시장에서 제품을 매입하여 판매하므로, 유통 마진이 높아지면서 패션 제조업체는 마진율이 높지 않다. 미국이나 유럽 등 선진국의 경우는 유통 업체가 직접 매입하는 것이 일반화되어 있어 소매 점주나 바이어에게 제시하여 주문을 받고 생산량을 결정한다.

2) 상품 설명회의 유형

상품 설명회는 크게 사내 설명회와 사외 설명회로 나눌 수 있다. 사내 설명회는 사내 관계자를 대상으로 상품 기획 과정과 상품에 관해 설명한다. 사외 설명회는 판매 촉진과 수주를 목적으로 사외 관계자를 대상으로 한다.

(1) 모바일 설명회

모바일 설명회는 휴대폰의 보급으로 정보 접근성이 탁월하고 빠른 시간 내에 파급력이 크므로 광고, 홍보 효과가 뛰어나다. 기업들도 휴대폰을 이용한 모바일 애플리케이션을 활용하여 고객서비스, 마케팅, 상품 홍보에 많은 인력과 비용을 투자하고 있다. 또한 시간과 공간의 제약에서 자유로우며 비용 절감 등으로 주목 받고 있다. 최근엔 인터넷 포털 서비스에서 고객 맞춤 서비스를 지향하고 있어 고객의 선택이 증가하고 있고 많은 업체가 참여하는 추세이다.

(2) 패션쇼 Fashion Show

다음 시즌에 출시할 상품을 시즌별로 브랜드의 콘셉트와 디자인 테마를 바탕으로 한 컬렉션 발표를 통해 런웨이에서 모델들이 착용하고 선보이는 방법이다. 패션쇼에는 목적이 드러나야 하고 브랜드의 정책과 가치를 알리고 여러 매체를 통해 새로운 컬렉션을 홍보하는데 매우 효과적인 방법이지만 시간과 노력, 경비 소요가 크다. 패션쇼는 전문 대행업체에 의뢰하여 준비하는 것이 더 효과적이며 시간과 노력을 줄일 수 있다. 디지털의 발달로 온라인 패션쇼도 행해지고 있으며 현장에서의 패션쇼를 온라인으로 실시간 볼 수 있다.

▌ 모바일 상품 설명
mango

▌ 패션쇼 2017/FW
디젤 블랙 골드

(3) 쇼룸Show room

쇼룸은 패션 업체가 다음 시즌 상품을 홍보하고 전시하면서 바이어로부터 수주를 받는 형태의 상품 설명회를 말한다. 업체 내. 외부에 따로 쇼룸을 꾸미며 상품 전시를 진행하지만 모델의 착장 모습을 제시하기도 한다. 자사상품을 자세히 볼 수 있도록 하여 바이어들의 수주에 도움을 줄 수 있다.

▌쇼룸
Plushmere

▌패션 트레이드 페어

(4) 국제 패션 트레이드 페어trade fair

트레이드 페어는 공정무역이라는 뜻이 있지만 여기에서는 보통 여성복, 남성복, 아동복, 이너웨어, 비치웨어, 스포츠웨어, 니트류, 모자, 액세서리 등 거의 모든 업종에서 대규모로 이루어지며 패션 업체들의 마케팅 활동을 위해 시장 조사를 하고 적극적인 시장 전개가 개최되는 행사를 말한다. 세계적으로 프레타 포르테, 매직쇼, 피티 워모Pitti Uomo 등이 잘 알려져 있으며 대규모이므로 쇼룸이나 단독 컨벤션보다 경제적이고 관람자들의 집중도도 좋다. 국가적 지원으로 성공한 이탈리아 패션을 본보기로 삼아 각국에서는 경제적 발전에 도움이 되므로 적극 홍보를 한다.

성공적인 페어가 되려면 전시 콘셉트와 타깃이 잘 드러나야 하며 바잉buying 시점과 개최 일정을 연결하며 유통 업체의 도매 비중을 확대해야 수주를 활발히 할 수 있다

3) 상품 설명회 일정계획 및 장소 & 관계자 콘셉트 회의

(1) 일정 계획

- 상품의 출시 시점과 제품의 생산 일정, 판매 일정 등을 고려하여 결정한다.
- 생산 제품의 오류나 생산과정에서 발생할 수 있는 문제점을 수정할 수 있는 시간적 여유를 두고 잡는다.
- 행사 개요에는 목적 / 주최 / 일시(시즌 상품 생산 전) / 장소 / 참여 대상을 기재한다.

- 주요 행사 내용에는 상품 설명회를 기본으로 유형을 정하고 세미나/스타일링 클래스/이벤트 등 부대 행사 등과 다른 분야의 행사를 함께 진행하기도 한다.

(2) 장소 정하기

- 개최 장소는 설명회에 참석할 인원의 규모와 예산 등에 따라 정해지며 상품을 진열하여 설명할 수 있고 참석자들이 살펴볼 수 있도록 공간을 확보하도록 한다.
- 제품의 콘셉트를 전달하기 쉽고 참석자들이 찾기 쉽고 접근성이 좋은 장소를 선정한다. 의외의 특이한 장소를 선택해 언론의 관심을 받기도 한다.
- 장소 : 쇼 룸, 컨벤션 센터, 호텔, 야외 공간, 체육관, 카페 등 거의 제한받지 않는다.

(3) 상품 설명회 관계자 콘셉트 회의

- 자사의 마케팅 전략을 점검하고 브랜드의 규모와 목적에 맞게 상품 설명회의 유형을 결정한다.
- 참석자, 참여 회사 각각의 성향에 대한 사전 지식을 알고 임직원/직영점주/대리점주/백화점/쇼핑몰 등 유통 업체(바이어 및 유통 MD)/판매전문가/소비자 모니터 등의 의견을 수렴한다.
- 시제품의 제작과 준비 현황을 파악하여 소품 준비를 하고 최종 상품의 라인업을 결정한다.

2/ 상품 설명회용 스타일 시트

스타일 시트를 제작하기 위해서는 브랜드의 시즌 콘셉트와는 별개로 상품 설명회 자체에 콘셉트를 부여하고 이에 맞는 연출 요소들을 활용하여 표현할 수 있다. 상품 설명회용 스타일 시트를 제작하기 전에 먼저 해당 시즌의 패션 트렌드와 자사 브랜드 콘셉트 및 시즌 콘셉트를 파악하여 스타일 시트를 제작하는 것이 바람직하다.

1) 상품 설명회용 스타일 선정

(1) 시즌 디자인 기획과 상품 구성을 파악한다.

시제품 전체 상품 중 테마별로 디자인과 스타일 수를 파악한 후 기획한 디자인 테마 그룹에 어울리는 대표 스타일 수를 정하고 상품 설명회에 발표할 상품들을 결정한다. 정해진 상품들의 코디네이션과 순서를 정한다. 전시일 경우 위치를 정하고 코디네이션 별 소품 연출을 하거나 콘셉트에 따라 소품 없이 할 수 있다.

(2) 모델은 피팅fitting을 통해 상품 설명회의 콘셉트에 맞게 선정하고 진행순서를 정하고 숙련되도록 한다.

2) 상품 설명회용 스타일 시트 제작

상품 설명회용 스타일 시트는 상품 설명회 진행자와 참석자들에게 효과적으로 상품을 이해시킬 수 있도록 스타일링된 사진이나 도식화를 한 시트에 보기 쉽게 제작하여 컬러와 아이템 코디네이션 방법 등을 보여주는 자료이다. 이를 제작해 봄으로써 착장 라인업을 결정할 수 있고 소품을 포함한 시제품 입고 확인을 할 수 있다.

3) 상품 설명회용 무대 연출 요소

(1) 상품 설명회를 위한 무대연출은 전문 업체나 연출 전문가를 선정하여 계획을 세우거나 규모에 따라 직접 기획할 수 있으며 브랜드의 콘셉트가 잘 드러나야 한다. 상품이 돋보이도록 설명회 진행 방법과 무대, 조명, 음악, 영상, 시청각과 비디오, 헤어 메이크업 등 연출 콘셉트에 대하여 세부 연출 사항을 전문가와 협의하여 무대 콘셉트를 확정한다. 콘셉트와 연출이 확정되면 리허설을 통해 제반 준비 상황을 점검하여 수정 보완한다.

상품 설명회를 전시로 할 경우는 전문 스타일리스트와의 협업으로 디스플레이하고 상품을 재점검하고 설명회 장소 구성 및 동선을 확인한다.

(2) 상품 설명회가 끝난 후 담당자는 영업 및 내부 관계자, 바이어, 오너, 매장 담당자, 언론 등 주요 참석자들의 반응을 체크한 후 문서로 만들어 관련 부서에 피드백한다.

2017/SS 상품 설명회용 스타일 시트(톰보이 스튜디오)

3/ 상품 설명회 진행과 관리

상품 설명회를 진행하고 관리하려면 상품 디자인 기획 방향과 그 시즌의 디자인 기획, 테마, 소재와 컬러 방향, 테마별 스타일 정보를 파악하여 상품 설명회 당일 개최 장소에 미리 상품을 비롯하여 제반 물품을 준비하고 참석자의 자리 안내 및 스태프 업무에 대해 교육하고 관리할 수 있어야 한다. 참석자들과 함께 의사소통하고 그들의 의견을 종합하고 문서로 만들어 담당자에게 회람하여 피드백할 수 있다.

1) 상품 설명회 진행 준비

상품 설명회는 일정에 맞추어 설명회 방법을 선택하여 진행자가 자사의 다음 시즌 마

8	9	10	11	12	13	14

표의 상단 스타일 시트(톰보이 스튜디오) 내용:

NO. 24 아이템 WJ / 원단명 핑크쿨런 / 차순 3월1차 / 2WJ002 / 28 1/2" / 상동 39 1/2" / 판매가 ₩315,000 / 칼라 모스그린 - × / 비고

NO. 29 아이템 WJ / 원단명 티아라 / 차순 3월2차 / 2WJ003 / 41 1/2" / 상동 39 3/4" / 판매가 ₩295,000 / 칼라 블랙 - × / 비고

NO. 18 아이템 WB / 원단명 화이트체크 / 차순 3월1차 / 2WB800 / 30" / 상동 44 1/2" / 판매가 ₩195,000 / 칼라 믹스 화이트 O × / 비고

NO. 20 아이템 WO / 원단명 노보ops / 차순 3월1차 / 2WO802 / 38 3/8" / 상동 39 1/2" / 판매가 ₩195,000 / 칼라 L/블루 O × / 비고

NO. 21 아이템 WO / 원단명 핑사싱글 / 차순 3월1차 / 2WO013 / 37 1/4" / 상동 39 3/4" / 판매가 ₩195,000 / 칼라 블랙 스칼렛 O × / 비고

NO. 22 아이템 WX / 원단명 스트라잎디렁티 / 차순 3월2차 / 2WX806 / 24 3/4" / 상동 43 1/2" / 판매가 ₩115,000 / 칼라 네이비 블랙 O × / 비고

NO. 25 아이템 WO / 원단명 진즈샤틴 / 차순 3월1차 / 2WO800 / 34", 46" / 상동 35 1/2" / 판매가 ₩175,000 / 칼라 블랙 D/그린 O × / 비고

NO. 27 아이템 WX / 원단명 나눔무리(선염주) / 차순 3월1차 / 2WX802 / 23 3/4" / 상동 39 1/2" / 판매가 ₩135,000 / 칼라 O/화이트 블랙 O × / 비고

NO. 19 아이템 WP / 원단명 사디 / 차순 3월2차 / 2WP022 / 32 1/2" / 허리 29 1/2" 바지부리 9 1/2" / 판매가 ₩175,000 / 칼라 D/네이비 레드 O × / 비고

NO. 23 아이템 WP / 원단명 와무 / 차순 3월1차 / 2WP009 / 38" / 허리 29" 바지부리 13 7/8" / 판매가 ₩195,000 / 칼라 D/그레이 - O × / 비고

NO. 26 아이템 DP / 원단명 구이아운드데님팬츠 / 차순 3월1차 / 2DP801 / 38 1/2" / 허리 30" 바지부리 7 1/4" / 판매가 ₩215,000 / 칼라 데님블루 - O × / 비고

NO. 28 아이템 DP / 원단명 트윌와이드데님 / 차순 3월2차 / 2DP006 / 34" / 허리 28 1/4" 바지부리 14 5/8" / 판매가 ₩175,000 / 칼라 데님블루 - O × / 비고

NO. 31 아이템 DP / 원단명 카푸치노 / 차순 3월1차 / 2DP800 / 32 1/4" / 허리 29 1/2" 바지부리 7 1/2" / 판매가 ₩235,000 / 칼라 데님블루 - O × / 비고

▌ 2017/SS 상품 설명회용 스타일 시트(톰보이 스튜디오)

케팅 전략과 상품 정보를 설명하고 코디네이션 하여 정보를 제시하도록 준비한다.

(1) 상품 설명회 장소를 정하고 그에 맞는 무대 장치나 디스플레이, 영상 등이 계획한 대로 되었는지 확인한다. 패션쇼 형식은 모델의 착장 모습과 콘셉트 영상을 보여주고 전시는 시제품을 테마별로 나누어 마네킹이나 드레스 폼, 행거 등에 진열하여 착장 형태로 전시하고 시각자료를 제시한다.

(2) 상품 설명회 시행 대행사와 상품 설명회에 사용할 빔프로젝트를 시연해 보고 영상, 음향 등을 확인한다. 음향기기, 조명기기, 영상기기 설치 및 작동, 안전을 확인한다. 상품을 설명할 경우 해당 시즌의 패션 트렌드 경향과 함께 연관성을 시각적으로 설명하면 효과적이다.

▌상품 설명회 장소
2017/SS 길 옴므 패션쇼장

▌상품 설명회 최종 스타일 시트 확인
tera_Feng 2017/FW angel Chen

(3) 상품 설명회용 시트를 최종적으로 확인하고 소책자로 제작하여 참석 인원에게 배포한다.

(4) 무대 뒤에 모델과 헤어, 메이크업 아티스트를 배치해 모델을 테마에 맞게 단장한다.

(5) 상품 설명회 당일 스태프의 진행관리 업무를 점검하고 교육한다.
행거에 해당 모델 착장 사진을 순서별로 부착한 다음 의복과 소품을 옷걸이에 준비하고 스태프에게 교육한다.

(6) 상품 설명회용 시제품과 소품을 확인하고 잘 고정하여 행사장으로 이동한다.

2) 상품 설명회 진행

상품 설명회 진행자는 오프닝 멘트를 하고 일정에 맞춰 진행한다. 진행자와 상품 설명회 진행자가 다를 수 있다.

(1) 상품 설명회용 시제품에 대해 자세히 설명한다.

- 자사의 마케팅 전략, 다음 시즌의 디자인 기획에 관해 설명한다.
- 디자인 테마, 테마별 이미지, 컬러, 소재군, 디자인 특징 등을 설명한다.
- 테마별 착장 상태를 제시하며 다양하게 연출하는 법을 소개한다.

▌ 상품 설명회 모델의 헤어와 메이크업
tera_Feng 2017/FW angel Chen

▌ 상품 설명회 최종 스타일 점검 및 이동준비
tera_Feng 2017/FW angel Chen

(2) 상품 설명회 종료 후의 반응 체크

참석자들의 반응을 종합하여 작성한 보고서를 바탕으로 상품기획의 문제점을 파악하고 관련 담당자들과 함께 수정 보완하여 다음 시즌에 반영한다.

(3) 상품 설명회 관리

① 진행 요원 관리

상품 설명회 참여 스태프에게 상품 설명회의 제반 사항을 설명한다. 진행자의 지시에 따라 설명회 참석자들을 안내하며 모델 착장 방법과 소품 사용 방법, 시제품 전시업무를 교육하여 순서에 신속하게 대처하고 의복을 관리할 수 있게 한다.

② 참석자 관리

초대장, 패션쇼나 전시 카탈로그 발송은 행사 3주 전에 발송하고 관련된 모든 인쇄물을 체크한다. SNS, 모바일 초대장, 전화, 문자 등도 활용한다. 상품 설명회 참석자 명단 및 자리 배치도를 준비하고 참석 여부와 변경 여부를 확인한다. 상황에 맞게 자리 배치를 조정하고 참석자를 맞이하며 안전하고 질서 있게 관리한다.

③ 시제품 관리

상품 설명회용 상품의 준비 상태를 확인하고 계획된 연출 방법에 맞게 소개할 수 있도록 준비하고 보관한다.

CHAPTER 9

상품 설명서 제작하기

1/ 상품 설명서 제작

　상품 설명서란 상품을 알기 쉽게 정리하고 특성을 설명한 자료로 상품 디자인 기획 방향과 상품 구성에 대해 파악하고 있어야 한다. 패션 업체는 노동 집약적 산업이라 한 시즌에 수십에서 수천 명이 관련된 일을 한다. 또 시즌마다 수십에서 수백 스타일의 상품이 생산되므로 관계자는 물론 매장 직원까지 많은 사람이 소통할 때 필요한 것이 상품 설명서이다. 상품 설명서가 꼼꼼하게 잘 만들어지면 거리나 시간 제약을 받지 않고 실시간으로 소통할 수 있다. 상품 설명서에는 상품 코디네이션 맵과 상품의 사진이나 그림 등 상품의 특성—디자인 포인트, 컬러 웨이, 소재, 사이즈, 가격 등—을 알려주는 자료가 들어간다. 이 외에도 상품명, 품번, 판매가격, 제조 원산지 정보, 출시일 등이 함께 포함된다. 상품 설명서의 유형에는 수주용 상품 설명서와 룩 북, 비주얼 머천다이징을 위한 상품 코디네이션 북이 있다.

1) 상품 설명서의 종류

(1) 수주용 상품 설명서
바이어로부터 주문을 받기 위해 제작된 상품 설명서에는 제품 사진, 컬러 웨이, 소재

수주용 상품 설명서				
	년 월 일		회사명	
고객명(업체명)	성명		연락처	
	주소			
	스타일 No.			
	아이템			
	사이즈 전개		44, 55, 66, 77 S, M, L, XL	
	컬러 웨이 (컬러별 수량)	컬러 1		
		컬러 2		
		컬러 3		
		컬러 4		
	소재			
	출고일			
세일즈 포인트	가격			
	결재 방법			
	총 합계			

와 부자재, 가격 조건, 결재 방법, 입·출고, 배송 방법 등을 넣어 제작한다. 바이어가 주문 수량을 기재해야 하므로 상품 설명서에 같이 넣어도 되고 따로 주문서를 만들기도 한다.

(2) 룩 북look book

룩 북은 판매 상품을 테마별로 묶거나 아이템별로 나누어 재구성하고 고객의 구매 활동을 돕기 위한 판매촉진 자료이다. 상품 설명서에 들어갈 상품은 촬영하기 전에 컬러나 소재, 기능성 등을 통해 아이템 간의 스타일링 방법을 제안하여 촬영할 수 있도록 한

▎톰보이 스튜디오 2017/SS

다. 사진 촬영은 패션 업체에 따라 다른데 주로 모델이 착장한 사진이나 마네킹에 착장한 사진 앞뒷면을 사용한다. 또는 제품의 평면 사진의 앞뒷면을 보여준다. 착장 사진의 좌우 한쪽이나 아래쪽에 상품명(상품명 없이 스타일 넘버로 상품명을 대신하기도 함), 스타일 넘버, 컬러 웨이, 소재 정보, 판매 가격, 세일즈 포인트 등을 표기하거나 이미지 사진만으로 제작되기도 한다.

카탈로그와 유사하며 인쇄물의 형태나 패션 업체의 웹 사이트에서도 볼 수 있다. 최근에는 모델 착장 사진으로 광고, 홍보, 룩 북 등 다양하게 활용한다.

(3) 교육용 상품 설명서

교육용 상품 설명서는 판매나 영업부 등 관련 부서의 직원에게 다음 시즌 상품을 쉽게 이해하고 판매향상을 목적으로 제작된 컬러 자료이다. 특히 판매 직원은 매장에 비치하고 있는 이 자료를 보고 코디네이션 할 수 있는데 아이템끼리의 크로스 코디네이션을 보여주므로 연계판매에 도움을 준다. 따로 제작하는 경우와 룩 북으로 대체하기도 한다. 상품 사진, 컬러 웨이, 소재 정보, 판매 가격, 코디네이션 방법 및 세일즈 포인트 등을 넣어 책자나 온라인용으로 제작되어 교육이 이루어진다.

2 / 상품 설명서 만들기

상품 설명서를 만들기 위해 촬영한 상품 사진을 이용하여 룩 북과 교육용 상품 설명서를 제작하기도 한다.

1) 상품 설명서의 유형을 결정하고 제작에 필요한 아이템 정보 취합
- 브로슈어, 책자나 링 바인더, 엽서, 모바일 설명서 등 어떤 형태로도 가능하며 상품명과 앞뒤 사진, 스타일 넘버, 소재 혼용률, 컬러 웨이(상품 컬러 수), 판매 가격, 사이즈 전개, 출시일 등의 정보를 수집한다.

2) 상품 설명서용 상품 아이템별, 테마별 촬영
- 일반적으로 전문사진 스튜디오에 의뢰하여 촬영한다. 촬영 날짜에 맞춰 미리 상품을 수거해 미비한 상품이 있는지 점검하고 꼼꼼하게 목록을 작성한다.
- 아이템별, 컬러별로 준비하고 테마에 맞춰 코디네이션 해둔다.
- 자사의 특성에 따라 모델이나 마네킹에 입혀 앞뒤 면을 촬영하거나 평면 또는 행거에 걸어 촬영한다.

3) 상품 설명서 구성
- 자사 브랜드에 맞는 상품 설명서의 규격과 형태를 결정한다.
- 일반적으로 A4 크기, B5나 A4의 절반 크기, 정사각형 등 제한 없이 브랜드 표현에 적합한 사이즈를 정한다.
- 테마별, 의복의 종류별 아이템을 분류하여 단품 또는 코디된 상품 설명서를 구성하여 배치한다.
- 상품 정보를 기재할 위치와 내용을 정한다.

4) 상품 설명서에 아이템별 정보 기재
- 아이템에 상품명과 스타일 넘버를 부여하는데 브랜드마다 기재 방법이 다양하다. 상품의 특징을 부여해 상품명을 정하기도 하고 상품명 없이 스타일 넘버가 대신하

| Dior Homme 2014/SS
desiner : Kris van A/SSche
Direction : Nicolas Santos
편집 : 김세이

| 상품 전시
강남 신세계 로로 피아나 매장, 2017.10

기도 한다. 패션 업체에 브랜드가 여럿 있으면 스타일 넘버에는 브랜드, 시즌, 아이템을 약자로 표시하고, 아이템 번호, 컬러 등을 기입한다.

- 아이템별 사이즈 전개를 표시한다. 남녀 정장, 숙녀복, 캐주얼 등 복종에 따라 S, M, L, XL, XXL, 85, 90, 95, 100, 105, 110, 44, 55, 66, 77, 88, 99, 24-36, 28-40 등 사이즈 체계가 다르다.
- 소재별 혼용률을 기재하고 수입 소재일 경우 원산지도 기재한다. 특성, 세탁, 관리법을 기재하기도 한다.
- 컬러 웨이를 컬러 칩으로 표시하거나 컬러 명을 기입한다.
- 디자인 특징, 세일즈 포인트, 스타일링 포인트 등의 정보를 기입한다.

3/ 비주얼 머천다이징

비주얼 머천다이징VMD은 매장을 계획적이고 체계적으로 갖추어 미적인 장식뿐만 아니라 브랜드 전략 전체를 포괄하는 개념으로 고객의 만족을 이끌어내는 하나의 경영전략 시스템이다.

1) 비주얼 머천다이징VMD의 정의

- 상품기획 및 매입 단계를 시각적으로 제안한다. 소비자에게 상품의 장식적 측면을 알리는 것은 물론 상품을 보기 쉽고, 선택하기 쉽고, 사기 쉽도록 연출하고 체계적으로 진열하는 계획적인 시스템이다.
- 머천다이징을 시각화하여 소비자의 구매 욕구를 일으켜 판매가 이루어져 매출을 신장시키고 브랜드 및 매장의 이미지를 높여주는 수단이다.

2) 비주얼 머천다이징VMD의 목적

- 상품의 가치를 최대한으로 표현하여 매장을 방문한 고객에게 상품의 이미지를 높이고 매장 콘셉트 고유의 아이덴티티를 이미지로 전달한다.
- 고객에게 판매 포인트를 보여주고 상품 선택과 구매가 쉽도록 해 판매효율을 높인다.
- 초 경쟁 시대에 다른 브랜드와 차별화하는 전략으로 활용한다.
- 고객의 라이프스타일을 반영하여 즐거운 쇼핑 분위기를 제공한다.
- 고객에게는 상품 고르기와 구매가 쉬운 매장을 제공하고, 판매자에게는 상품 판매가 쉽도록 효율적인 매장을 구성한다.
- 고객에게 시즌 콘셉트와 새로운 트렌드 및 스타일링 정보를 제공한다.

▎ Zegna 매장. 런던, 영국

▎ Merci 매장. 파리, 프랑스

▎ J.W. Anderson 매장. 런던, 영국

3) 비주얼 머천다이징VMD의 연출과 진열 과정

- 패션 브랜드에 알맞은 resort, s/s, pre fall, f/w 시즌 전개에 따른 상품 콘셉트와 테마를 정해 매장에 구현한다.
- 브랜드의 전략과 상품의 이미지를 바탕으로 제작된 광고나 룩 북의 코디네이션을 VMD에 적용하여 아이디어를 시각화한다.
- 매장의 VMD의 현장화에 적합한 대표적인 아이디어를 브랜드에 공유할 이미지로 이미지 맵을 완성한다.
- 이미지 맵에 따라 패션 브랜드의 상품 특징을 살려 표현을 구체화할 수 있는 콘셉트와 테마에 맞추어 마네킹과 콘셉트의 소품, POP(Point of Purchase Advertising : 고객의 편리한 쇼핑을 위한 상품의 정보를 알려 주는 표시물) 등으로 구현할 시안을 완성한다.
- VMD의 구체적인 시안에 따라 매장 공간의 VP(Visual Presentation : 브랜드와 상품의 이미지 표현을 위한 쇼윈도, 스테이지 공간), PP(Point of sale Presentation : 벽면과 집기류의 상단부에 시각적인 표현이나 상품을 창의적으로 연출하는 공간), IP(Item Presentation : 매장 내 상품이 진열되어 실제 판매가 이루어지는 벽장 테이블 레일 등의 공간)에 적합한 스타일링과 소품제작 및 구매로 매출을 극대화할 수 있는 연출과 진열을 한다.

▌Selfridges 백화점. 런던, 영국. 콘셉트와 테마 표현(쇼윈도, 중앙, 통로)

1	
	2
3	4

1 Selfridges 백화점 VP. PP. 런던, 영국
2 cos 매장 IP. 서울, 한국. 김윤지 촬영
3 Scervino 매장 VP. 런던, 영국
4 Harrods 백화점 아동복 매장 VP, PP, IP. 런던, 영국

4 / 상품 설명서 활용

1) 효율적인 판매 향상을 위해 상품 교육에 활용

판매직원은 매장에서 직접 판매를 하지만 상품이 만들어지는 과정을 알 수 없다. 고객에게 새로운 상품을 설명하고 고객의 특성에 맞는 상품을 제안하고 연계 판매, 판매 향상을 도모하기 위해서는 교육과 훈련이 필요하다. 또한 브랜드 콘셉트, 시즌 트렌드, 상품의 기획 방향과 코디네이션 방향 등도 설명하여 전체 흐름을 파악하게 한다.

2) 매장 디스플레이용으로 활용

일반 고객들은 매장의 디스플레이를 통해 브랜드의 이미지를 인지하게 되므로 교육용 상품 설명서는 브랜드 이미지는 물론 매장의 이미지를 통일시키고 상품의 특성을 잘 표현하는 매장용 디스플레이 지침서이다.

시즌별로 상품 디스플레이 연출 계획에 따라 판매 직원들은 아이템별 행거 연출, 컬러 연출, 마네킹 연출 등을 디스플레이 교체 일정에 맞추어 실행한다.

CHAPTER 10

상품 스타일링 제안하기

1/ 상품 코디네이션 제안

상품 코디네이션을 제안하려면 패션 트렌드, 브랜드 콘셉트, 시즌 테마, 소재, 컬러, 스타일 경향에 대해 파악하고 있어야 한다. 패션 트렌드 맵 제작, 룩 제안 등을 통해 감각적인 스타일링과 아이템 코디네이션을 제안하고 상품 코디네이션에 관하여 컨설팅할 수 있다. 상품 코디네이션이란 단품 아이템 2종류 이상을 코디하여 조화롭고 창의적으로 연출하는 것을 말한다. 브랜드의 테마별 콘셉트에 따라 상품 코디네이션이 조화를 이룸으로써 최상의 스타일링을 제안하고 패션 상품 가치와 고객의 충성도를 높여 판촉 효과를 높일 수 있다.

1) 컬러 코디 스타일링

옷을 입을 때 가장 먼저 눈에 띄는 것이 색이지만 조화롭게 입는 것은 간단치가 않다. 인간은 형태보다 색을 먼저 지각하고 각각의 색들은 개인의 개성이나 심리 상태, 기호에 따라 반응하는 다양한 감정 효과를 지니고 있다. 색은 이러한 심리적 반응을 일으킴으로써 형태가 가지고 있는 본래의 이미지를 더 강화하거나 약하게 할 수 있다. 옷의 형태는 인체라는 제약이 있어 그 스타일이 다소 제한적인 데 비해 색은 다양함과 고유의 감정으로 형태의 제약을 극복할 뿐 아니라 패션에 무한한 변화와 창작 변수를 부여하는 중요한 매개체이다.

색이 가지고 있는 속성과 이미지를 이용하여 스타일을 연출하는 것을 컬러 코디 스타일링이라고 하며, 각각의 아이템에서 두 가지 이상의 색으로 서로를 돋보이게 하거나 조화시킴으로써 전체적인 스타일을 완성하는 방법이다. 단색 옷을 입었다고 하여도 피부 톤, 헤어 톤 등과 함께 인지하여 느끼듯이 모든 색은 상대적인 관계에 있다.

(1) 색의 개념과 속성

우리가 볼 수 있는 색의 가짓수는 거의 무한대에 이르지만 가시광선 내의 빨간색과 보라색의 바깥에 있는 색을 볼 수는 없다. 색상은 3개의 원색을 빼면 대부분 여러 가지 색을 섞어서 만든다. 색은 섞일수록 탁해지고 고유한 색상을 가진 동시에 고유한 밝기도 갖기 때문에 색이 가지는 색상, 명도, 채도와 같은 3가지의 속성에 따라 색들은 다양하고 복잡해진다. 이러한 속성이 가지는 원리와 좌표를 이해하고 활용함으로써 좋은 배색 스타일링을 할 수 있다. 색은 사물과 함께 존재하므로 소재와 질감은 동시에 인지되어 같은 색이라도 소재가 갖는 질감이나 문양에 따라 다른 감성을 보여줄 수 있음을 유의하여야 한다.

① 색상

색상hue은 색감의 유무에 따라 무채색과 유채색으로 나뉜다. 무채색achromatic color은 흰색에서 여러 층의 회색, 검정에 이르는 따뜻하지도 차지도 않은 중성neutral의 색으로 색감이나 채도 없이 명도만을 갖는다. 유채색chromatic color은 순수한 무채색 외의 모든 색으로 빨강, 주황, 노랑, 초록, 파랑, 남색, 보라 등과 같이 색감의 차이에 따

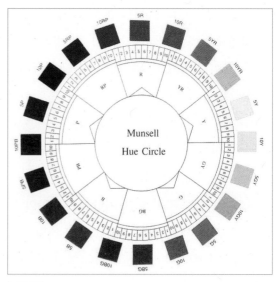

| 색상환

라 명칭이 붙여진다. 빨간색에 노란색이 섞이면 주황색이 되고 노란색에 파란색이 혼합되면 초록색이 된다. 그러나 빨강, 노랑, 파랑은 다른 색끼리 섞어서 만들 수 없으므로 '삼원색'이라고 한다. 이 삼원색이 서로 혼합되어 세상의 모든 색이 만들어진다고 볼 수 있다.

삼원색의 사이사이에 중간색을 넣어 주면 다양한 색들의 원을 만들 수 있는데 그것을 '색상환'이라고 한다. 색상환에서 가까이 인접해 있는 색을 인접 색, 유사 색이라 하고, 색상환에서 가장 멀리 서로 마주 보고 있는 색을 보색이라고 하며, 보색의 좌우 근처에 있는 색을 반대색, 또는 준 보색이라 하며 색상환의 삼각 구도에 자리 잡고 있는 색을 '삼극 색'이라 칭한다. 색상과 무채색의 일반적 감성은 〈표 10-1〉과 같다.

표 10-1 색상과 무채색의 일반적 감성

종류		특성
흰색		• 숭고, 단결, 단순함, 순수함, 깨끗함을 상징. 외로움과 고독을 느끼게도 함 • 흰색 옷은 피부색의 밝고 따뜻한 색조와 잘 어울림. 우아하면서도 극적인 느낌 • 크림색, 상아색 등으로 좀 더 세분화해서 다양하게 사용
회색		• 회색은 중간적인 성격. 고급스러움과 세련된 권위 • 악센트로는 주황색이나 오렌지색을 사용하면 완성도가 높아짐
검정		• 검은색 의상은 권위와 품위를 상징하며, 고급스러움을 더함 • 수축색이기 때문에 외형을 단호하게 보이게 하면서도 자칫하면 초라하게 보임 • 고요, 우아, 고독, 애도, 에로틱, 숨겨진 관능미, 우울, 죽음 등을 상징. 검정과 레드는 팜므파탈 배색
노랑		• 노랑은 유채색 중에서 명도와 채도가 가장 높음 • 명랑, 생동감, 즐거움 등의 느낌, 결투, 배신, 사기
오렌지		• 활동감을 불어넣을 수 있으며, 여성적이며, 우아한 멋을 느낄 수 있음 • 기호 색 수치가 높은 색이기도 함.
빨강		• 가장 강한 색으로 감각적이며 진취적인 색. 분위기를 고조시키고, 쾌활한 환경 상징 • 돋보이고 싶을 때나 호전적인 모습을 보일 때 주로 사용 • 위험, 정지, 열, 더위를 상징, 전쟁, 투쟁, 핑크는 소녀와 같은 여성적인 느낌
자주		• 고대로부터 왕족, 귀족이 즐겨 입었던 색으로 부와 권위를 상징함 • 갈색 피부를 가진 사람들에게 잘 어울림. 신비, 환상, 애정, 사랑, 성 등의 이미지 존귀함
초록		• 가장 친근한 색으로 편안한 느낌. 심리적으로 긴장을 완화해 주는 역할 • 밝은 초록, 청록색 계열, 올리브그린, 악마의 색, 젊음의 색, 에콜로지, 친환경
파랑		• 파란 계통의 한색들은 정신적인 피로를 풀어주는 색으로 신뢰와 청결, 관심, 치료의 색 • 밝은 파랑은 신선함과 상쾌한 느낌, 젊음. 어두운 파랑이나 남색 등은 권위와 위엄의 이미지 • 우울, 침울, 미혼모, 타락 색

② 명도

명도value는 빛에 의한 색의 밝고 어두움을 나타내는 속성을 말한다. 사물에서 색상을 빼면 명도가 남는다. 밝음과 어두움, 이는 색 안에 있는 색의 뼈대로서 색의 조화를 결정 짓는 중요한 요소이다. 각각의 순색도 표준 명도를 가진다. 명도가 가장 낮은 검정은 명도 0으로 표시하고 다크 그레이는 저명도, 중간 밝기의 중명도, 흰색에 가까운 고명도, 가장 밝은 흰색은 명도 10으로 11단계이며 이 명도 단계를 그레이 스케일이라고 한다.

- 고도와 고명도의 배색은 밝고 경쾌하다. 노랑과 흰색.
- 중명도끼리의 배색은 변화가 적고 단조로울 수 있다. 보라와 파랑
- 저명도 간의 배색은 무겁고 어두운 이미지이다. 다크 와인과 검정
- 고명도와 저명도의 배색은 명확하고 명쾌하다. 밝은 핑크와 네이비

③ 채도

색은 많이 섞일수록 칙칙하고 탁해진다. 채도chroma는 색의 순수한, 혹은 맑고 탁한 정도를 나타내는 용어로 순수하고 선명도가 높은 색이 고채도이고 탁하고 흐린 색이 저 채도이다. 모든 색이 고유한 명도를 가지고 있는 것처럼 고유한 채도도 가지고 있다. 채도의 기준이 되는 것은 원색과 회색이다. 채도가 높은 원색의 아름다움이 때 묻지 않

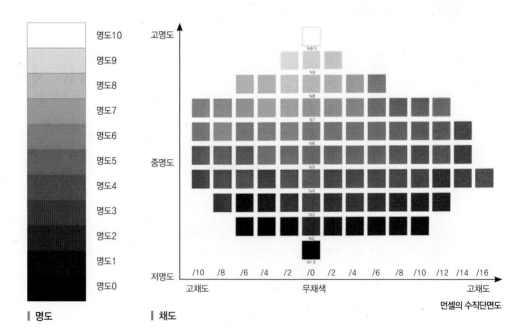

| 명도 | 채도 |

먼셀의 수직단면도

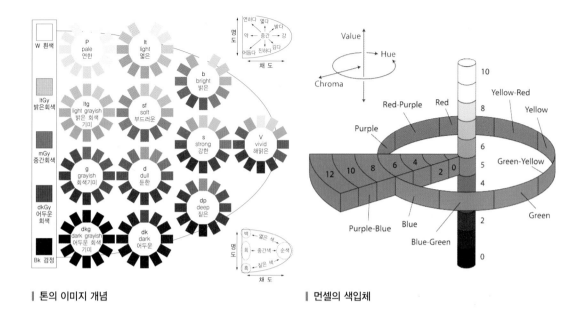

▌ 톤의 이미지 개념   ▌ 먼셀의 색입체

은 명쾌함에 있다면 채도가 낮은 탁한 색의 아름다움은 모호함과 그로 인해 느껴지는 묘한 신비감, 깊이감에 있다.

- 채도 차이가 적은 배색은 점잖고 오묘하다.
- 고채도끼리는 자극적이며 화려하고 강하다.
- 중채도 간 배색은 안정적이고 점잖다.
- 밝은색의 저채도 간 배색은 온화하고 럭셔리하다.

④ 톤tone

톤tone은 명도와 채도의 상태에 따라 특성이 결정된다. 톤은 색의 이미지와 감성을 반영하는 것으로 같은 톤의 색은 같은 감성을 가진다고 볼 수 있다. 톤의 이미지를 이해하면 색의 조화를 통한 스타일링을 할 수 있다.

2) 컬러 코디 스타일링하기

스타일링의 완성은 여러 요소의 조화로 이루어지지만 컬러 배색을 어떻게 하느냐에 따라 원하는 이미지나 특성을 얻을 수 있다. 컬러 코디 스타일링이란 아이템 간 배색을 할 때 여러 가지 배색의 원리를 이용하여 스타일링의 완성도를 높이는 방법이다.

(1) 동일 배색 코디 스타일링

각각의 아이템이 동일한 색상의 명도나 채도의 변화로 조화된 것을 말하며 한 가지 색상의 배합이므로 무난하고 부드러운 조화를 가진다. 동일한 색상에서 명도나 채도의 차이를 둔 것이거나 톤의 차이로 얻는 톤 온 톤tone on tone 배색 방법으로 예를 들면 빨간색의 동일 색상 배색은 핑크, 다홍색, 심홍색, 적자색, 적갈색 등이 있다.

- 동일 배색 스타일링은 차분한 느낌을 주지만 명도 대비가 뚜렷하거나 채도가 선명하다면 명쾌하거나 자극적으로 보일 수도 있다.
- 명도 채도가 유사하면 지루한 느낌을 줄 수도 있어 소재의 문양이나 질감의 차이로 변화와 새로움을 창조할 수 있다.

(2) 유사 배색 스타일링

유사 색은 색상환에서 주황과 노랑, 파랑과 청록처럼 약 30~60° 안에 인접해 있는 색상으로 어떻게 배치해도 자연스럽게 어울린다. 두 인접 색의 배색에서는 인접한 거리가 멀수록, 채도나 명도의 차이를 두어 색감의 차이를 크게 할수록 배색 효과가 풍부하고 자극적이다. 톤 인 톤tone in tone 배색은 유사한 색이나 인접 색상 또는 다양한 컬러의 유사 톤이나 동일 톤으로의 배색을 말한다.

- 빨간색은 파장이 가장 길어 눈에 가장 잘 띄고 인접 색인 마젠타, 오렌지 등의 색들과 명도나 채도의 변화 없이도 무난하게 잘 어울리며 따뜻하고 여성스럽다.
- 파란색은 차가운 색으로 주목성이 덜하고 후퇴되어 보이는 성질이 있으나 침착함과 시원함이 있다. 파란색의 인접 색은 초록색, 남색이 있으며 이 색들은 명도, 채도의 변화 없이도 조화로우며 청량감을 유지한다.
- 노란색의 한쪽 인접 색은 오렌지색으로 따뜻하고 귀여우며, 다른 쪽은 초록색으로 싱그럽고 시원한 느낌을 준다. 노란색의 인접 색들은 각각 개성이 강해서 배색을 잘하면 유사 배색의 안정감과 함께 변화무쌍한 화려함도 꾀할 수 있다.

(3) 대비 배색 스타일링

대비 배색 스타일링은 색상환에서 가장 멀리 떨어져 있는 색끼리의 조화로 반대의 시각 특성 때문에 서로를 돋보이게 하여 강하고 자극적인 인상을 주며 활동적인 느낌과 개성적인 이미지의 표현에 적당하다. 대비 배색에는 색상환에서 마주 보고 있는 색끼리

▍ 동일 배색　　▍ 유사 배색　　▍ 대비 배색　　▍ 명도 대비　　▍ 채도 대비

의 보색대비와 보색 주변에 있는 색인 반대색 대비 배색 스타일링이 있다. 대비 배색의 조화를 얻기 위해서는 다음에 유의할 필요가 있다.

- 대비 배색이라도 채도를 흐리게 하거나 명도를 다르게 하면 차분한 효과를 준다. 예를 들어 채도가 동일한 순 빨간색과 순 녹색의 조화는 같은 명도(4~5°)로 서로 충돌하여 눈을 피곤하게 하지만 채도와 명도에 변화를 줌으로써 편안하고 따스한 분위기를 얻을 수 있다.
- 순 노란색과 순 보라색은 보색대비와 명도 대비를 이루는 색들로 함께 배색할 때 안정적이면서 화려하고 우아한 조화를 이룬다. 오렌지색과 파란색도 보색으로 해질 무렵 저녁노을이 만들어내는 따뜻한 오렌지색은 명도가 높고, 차가운 파란색은 명도가 낮아 신선하고 세련되어 보인다.
- 대비되는 색의 면적을 강약으로 조절함으로써 조화롭게 스타일링 할 수 있다.

(4) 다색 배색 스타일링

각각의 다른 색상의 여러 아이템의 3가지 이상 색상을 사용하여 스타일링 하는 것을 다색 배색 스타일링이라고 한다. 잘못하면 통일감을 잃어 산만하고 감각 없어 보일 수 있으므로 색 사용에 있어 논리적인 접근이 필요하다. 선명한 색상의 조합은 역동적이며 엷고 부드러운 색상의 조합은 온화하고 침착하다.

(5) 그라데이션 배색 스타일링

그라데이션gradation 배색은 색을 단계적으로 서서히 변화시킨 기법으로 시선을 유인하여 시각적인 주목성을 가지며 리듬감, 약동감 표현 및 전체적으로 통일감을 표현하는 스타일링에 적합하다.

(6) 분리 배색 스타일링

분리 배색은 세퍼레이션 배색이라고도 한다. 세퍼레이션separation이란 '분리', '구분'의 의미로 분리 배색 스타일링은 색상 간의 조화가 애매하거나 두 색이 지나치게 강렬할 때 두 색 사이에 무채색이나 중간색을 첨가하여 배색 분위기를 차분하게 하거나 부드럽게 혹은 변화시키는 기법이다. 흰색과 검정은 유채색의 명시도(물체의 색이 얼마나 잘 보이는가를 나타내는 뚜렷한 정도)를 높게 해주어 배색감을 두드러지게 하기도 하고 강렬한 색끼리의 충돌을 중화하는 역할도 한다. 예를 들어 강렬한 원색끼리의 배색일 때 흰색, 회색, 검정 등의 무채색 벨트나 이너웨어나 아우터로 세련되고 차분한 분위기를

▎다색 배색   ▎그라데이션 배색   ▎분리 배색   ▎강조 배색   ▎까마이유 배색

연출할 수 있다.

검정 재킷 안에 다크 네이비 셔츠를 입고 재킷과 셔츠 사이에 흰색의 긴 스카프를 착용함으로써 산뜻하고 선명한 라인을 만들어 준다.

(7) 강조 배색 스타일링

스타일링에서 강조accent란 두드러짐의 뜻으로 조화된 스타일링의 어느 부분에 강조 색을 하나 더하거나 두 색 이상을 반복적으로 사용하여 전체 스타일에 포인트를 주어 주목성을 높이고 전체 분위기에 생기를 불어넣는 방법이다. 예를 들면 네이비, 진회색, 옅은 회색의 잔잔한 배열에 원색의 노란색으로 포인트를 준 경우나 화려한 머플러나 벨트 등으로 장식할 때 등이다. 스타일링 포인트로는 키가 작은 체형은 높은 위치에, 통통한 체형은 중심에 강조 색을 두는 것이 효과적이다.

(8) 까마이유 배색 스타일링

까마이유camaieu는 18세기 유럽의 단색조 회화 기법에 사용된 것으로 색상과 톤이 유사한 여러 개의 색상을 조화시켜 많은 색을 사용하면서도 동일 색의 분위기를 주는 배색 방법이다. 배색 방법으로는 색상의 차이가 약한 패일pale, 다크 그레이 톤 색을 조합하는 것과 한 가지 색, 예를 들어 검은색의 시폰 스커트, 울 스웨터, 가죽재킷을 코디하여 동일한 색상이지만 다른 소재의 아이템으로 코디하면 동일 색으로 보이는 방법이다. 포까미이유faux는 가짜라는 의미로 까마이유가 거의 동일 색인데 비해 색상과 톤에 약간의 변화를 주는 배색이다.

2/ 소재 코디 스타일링

소재는 '옷감이 될 만한 재료를 총칭하는 말 또는 그 재료로 만든 옷감'이란 뜻으로 직물, 편성물뿐만 아니라 펠트, 부직포, 가죽, 모피를 포함한 모든 의복 재료를 지칭한다. 광범위한 의복의 기초 재료로서 소재의 종류나 직조 방식, 텍스처, 촉감, 문양 등에 따라 같은 디자인의 의복이라도 이미지나 느낌이 아주 다르게 전달된다. 요즘엔 각각의 소재가 가진 단점을 커버하기 위해 다른 소재의 장점을 기술적으로 조합하여 블렌

딩Blending한 소재들이 많다. 소재 코디 스타일링은 재질감과 문양의 믹스나, 변화를 이용한 기법으로 소재의 종류에 따른 텍스처, 문양의 종류 및 효과를 이해함으로써 효과적인 스타일링을 할 수 있다.

1) 소재의 종류 및 특성

소재는 원료에 따라 그 종류가 각기 다른데 크게 자연으로부터 얻는 천연 섬유와 인공적으로 제조되는 인조섬유로 나뉜다. 그 외에 직조 방법이 다른 부직포와 편성물이 있고 특수 소재로 가죽과 모피가 있다. 섬유의 분류 기준은 원료, 조직, 염색, 가공 등

표 10-2 소재의 종류 및 특성

분류	섬유 분류	소재	소재의 특성		용도
천연 섬유	식물성 섬유	면 (천연섬유 중 가장 소비가 많음)	• 흡수성과 흡습성이 좋다. • 알칼리성과 열에 강하다 • 물세탁시 수축될 수 있다. • 일광에 약해 누렇게 변한다.	• 젖으면 강도가 세진다. • 염색성이 좋지만 탈색되기 쉽다. • 구김이 많다.	의복지(4계절), 여름에 좋고 진즈에 적합), 개량 한복지, 속옷, 소품류, 손수건, 타월, 침구류
		마 : 리넨, 라미(모시), 삼베	• 시원하고 까슬까슬하다. • 여름 소재로 각광을 받는다. • 젖으면 강도가 세진다. • 알칼리성과 열에 약하다. • 탄력성이 저조해 구김이 잘 간다. • 리넨은 염색성이 좋지 않으나 모시는 좋은 편이다.		여름 의복지, 산업용 자재, 침구류, 속옷
	동물성 섬유	양모, 헤어, 알파카, 캐시미어, 토끼털 등	• 흡습성이 좋아 물을 뿌려 걸어두면 주름이 펴진다. • 함기성이 좋아 보온성이 높다. • 구김이 가도 쉽게 펴진다. • 탄력성이 좋아 구김이 잘 안 간다. • 습기에 약해 병충해에 약하다. • 젖으면 수축되나 가공이나 직조 방법에 따라 수축되지 않는 것도 있다. • 드라이클리닝이 필요하다.		의복지(4계절), 스웨터류, 침구류, 모자류, 양말류, 소품류(겨울용 소재로 가장 많이 사용됨)
		견 : 쉬폰, 새틴, 명주, 타프타, 샨퉁	• 부드럽고 가벼우며 광택과 촉감이 좋다. • 견명이라는 견 특유의 소리가 있다. • 여름에 시원하고 겨울에 따뜻하다. • 해충과 일광에 약해 변색된다. • 열과 땀에 약해 딱딱해지고 얼룩진다. • 드라이클리닝이 필요하지만 가공에 의해 물빨래가 가능한 것도 있다.		고급 의복지, 한복지, 스카프류, 침구류, 속옷

(계속)

천연 섬유	동물성 섬유	모피	• 보온성과 통기성이 좋다. • 자연스러운 털이 럭셔리하고 기품 있다. • 독특한 광택과 부드러운 촉감, 자연스러운 색상뿐만 아니라 다양한 염색도 가능하므로 애호되고 있다. • 동물의 형태를 그대로 사용하므로 디자인에 제한을 받고 고가이다.	코트, 베스트, 숄, 머플러
		가죽	• 통기성과 보온성이 좋아 기후에 적응이 잘된다. • 염색성이 좋고 광택이 우수하다. • 고급스럽고 다양한 가공 방법이 있다. • 물에 젖으면 얼룩이 생기기 쉽고 알칼리에 약하고 습기에 민감하다. • 오염이 되면 세탁하기가 쉽지 않다. • 생산량이 한정적이며 고가이다. • 디자인시 가죽 크기에 따라 제한을 받는다.	의복지 가방, 구두, 인테리어 가구, 소품류
인조 섬유	재생 섬유	레이온 (인조견)	• 흡수성, 염색성이 좋다. • 드레이프성이 좋아 부드럽고 광택이 있지만 구김이 잘 생긴다. • 찬 성질이 있어 여름철에 좋다. • 모양이 변형되기 쉽다. • 수분에 약해 원단이 상한다.	여름 의복지, 안감류, 커튼류
		아세테이트	• 실에 준하는 광택과 감촉이 있다. • 질기고 잘 늘어난다. • 적당한 흡습력과 탄력이 있다. • 열에 강도가 약해진다. • 열에 쉽게 딱딱해진다. • 탄성이 떨어진다.	의복지, 신사복 안감류, 인테리어용
	합성 섬유	폴리에스테르	• 탄력성이 우수하여 구김이 잘 안 간다. • 내구성이 좋아서 타 섬유와 혼방한다. • 흡수성이 나빠 땀이 흡수되지 않는다. • 겨울에 대전성이 높아 오염이 잘된다.	의복지, 학생복, 유니폼, 소품류
		나일론	• 질기고 부드럽다. • 가볍고 마찰에 강해 주름이 잘 생긴다. • 열에 매우 약하다 • 직사광선에 오래 노출되면 변색된다.	의복지, 운동복지, 스타킹류, 란제리
		아크릴	• 탄력성과 보온성이 좋다. • 모직의 대용품으로 개발되었다. • 일광에 강하고 염색성이 좋다. • 대전성이 높아 정전기가 일어난다. • 필링현상이 잘 일어나고 열에 약하다.	주로 겨울용 의복지, 스웨터, 이불솜, 머플러
		폴리우레탄	• 신축성과 탄력성이 매우 좋다. • 착용성이 좋고 기능적이다. • 염색이 가능하다. • 고가이다. • 염소계 표백제에 약하다.	의복지(팬츠), 보정용 속옷, 수영복, 스키복
기타	부직포		• 섬유가 서로 얽히게 하여 만든 피륙이다. • 절단 부위가 풀리지 않아 봉제하기 쉽다. • 섬유가 거칠고 광택과 촉감이 좋지 않아 보통 의복의 심지로 많이 사용된다.	의복 심지, 가방 심지, 포장지, 산업용
	니트		• 신축성이 커서 편안한 의복을 만들 수 있다는 것이 큰 장점이다. • 주조의 특성상 함기율이 높아 보온성, 투습성, 통기성이 우수하다. • 마찰에 매우 약하고, 필링이 생기는 단점이 있다.	의복지, 속옷, 운동복

면	마	모	견
레이온	아세테이트	폴리에스터	나일론
아크릴	폴리우레탄 도포	부직포	니트

대표적인 소재의 종류

에 따라 다르며 기술과 방법, 제조회사와 나라에 따라 달라질 수 있다.

따라서 효과적인 스타일링을 위해서는 소재에 대한 지식과 감각에 대한 이해는 물론 트렌드를 파악하고 의복의 용도와 착용자를 염두에 두어야 자신감 있는 스타일링을 할 수 있다. 각 소재의 종류와 특성은 앞의 〈표 10-2〉와 같다.

2) 특수 소재

(1) 가죽

| 가죽의 종류 및 특성

가죽은 동물 껍질의 털과 오염을 제거하고 무두질하여 제품을 만들 수 있도록 부드럽게 손질한 스킨을 가리킨다. 하이드hide는 성장한 소, 말, 낙타 등과 같은 큰 동물의 가죽으로 면적을 크게 사용하는 아이템에 주로 사용하고, 스킨은 큰 동물의 새끼나 양 등의 중소 동물의 가죽을 말한다. 가죽은 미세한 단백질 섬유로부터 생겨나고 촘촘하게 얽혀 있으므로 올 풀림이 없고 유연성, 보온성이 있고 가죽 별로 차이는 있지만 강도가 크고 흡습성, 통기성, 투습성도 좋다. 피혁제품에는 소와 말의 가죽과 양, 염소, 돼지 등 그 외에도 다양한 스킨이 쓰인다.

표 10-3 가죽의 종류 및 특성

구분	종류	특성
소	송치unborn calf	출산 전 어미 소가 죽었을 때 얻을 수 있으며 뱃속의 태아, 사산한 송아지 가죽이다.
	카프 스킨calf skin	생후 6개월 이내의 송아지 가죽으로 얇고 모공이 작으며 소가죽 중 가장 부드러워 고급 핸드백이나 구두, 의류에 사용한다.
	킵 스킨kip skin	생후 6개월에서 2년 정도의 소가죽으로 카프보다 질기고 두껍고 거칠지만 핸드백, 구두, 의류에 많이 사용한다.
	카우 하이드cow hide	생후 2년 정도의 암소 가죽으로 두껍고 질기므로 가방 손잡이에 적합하다.
	스티어 하이드steer hide	생후 3~6개월에 거세한 수소 가죽으로 2년 이상 되어 카우보다 두껍다.
램(양)	램 스킨lamb skin	어린 양의 가죽으로 얇고 부드러워서 의류, 장갑, 지갑에 주로 사용한다.
염소	키드 스킨kid skin	새끼 염소 가죽으로 램 스킨보다 질기고 소가죽보다 부드럽고 편해 의류나 핸드백, 구두 등에 이용되나 쉽게 까진다.
	고트 스킨goat skin	1년 이상 된 염소 가죽으로 부드럽고 질겨서 구두와 가방, 장갑에 많이 사용된다.
돼지	돼지가죽pig skin	마찰에 강하고 저가에 실용적이나 표면에 털구멍이 있어 보기에 좋지 않아서 대부분 스웨이드로 가공하여 사용한다. 고급 제품의 안감으로 사용한다.
말	호스 스킨horse skin	말가죽으로 대중적이지는 않지만 말의 엉덩이 부위를 타닌 무두질한 코도반은 질기고 비교적 뻣뻣하고 튼튼해 신사화에 쓰인다.
캥거루	캥거루 가죽kangaroo	튼튼하고 부드럽고 가벼워서 주로 축구화나 고급 구두에 쓰인다.
타조	오스트리치ostrich	깃털 구멍에 돌기가 있어 독특한 질감과 무늬(퀼마크quill mark)가 있으며 모공과 돌기가 일정할수록 고급이다. 얇고 가벼우며 질기고 통풍성, 유연성이 좋아 의류, 핸드백에 쓰이며 악어가죽보다 고가이다.
뱀	비단구렁이python	야성적인 무늬와 질감이 특징으로 고급 핸드백 특히 클러치, 구두 등 장식성이 강한 소품에 주로 사용되며 고가이다.
	도마뱀Lizard	크기와 비닐 무늬가 작고 섬세하여 지갑이나 작은 소품에 사용된다. 얇고 표면이 매끈하며 관리가 용이하다.
악어	엘리게이터alligator	악어 표피 문양이 아름답고 염색과 가공이 어려워 최고급 핸드백과 구두에 쓰인다. 문양이 좌우 대칭이며 흠이 없고 부드러운 뱃가죽이 최고가이며 부위별 차이가 있다. 악어가죽 중 엘리게이터, 크로커다일, 카이만을 상중 하품으로 친다.
장어	일 스킨eel skin	얇고 가볍고 부드러우나 질긴 특징이 있어 소품, 지갑, 작은핸드백 등으로 많이 사용한다.

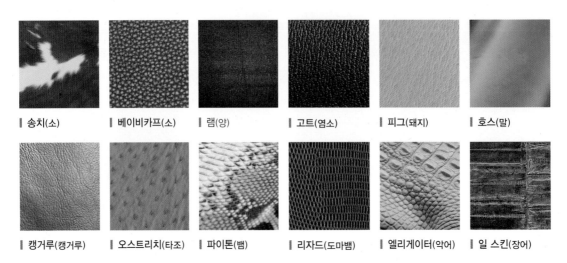

| 송치(소) | 베이비카프(소) | 램(양) | 고트(염소) | 피그(돼지) | 호스(말) |
| 캥거루(캥거루) | 오스트리치(타조) | 파이톤(뱀) | 리자드(도마뱀) | 엘리게이터(악어) | 일 스킨(장어) |

가죽의 종류

| 가죽의 가공 방법

- 나파nappa : 스킨 표면의 털을 녹이고 매끈하게 하는 가공으로 가장 일반적이며 오염과 수분에 강하고 질감과 촉감이 좋다. 주로 가죽 재킷이나 점퍼 등 의류, 구두, 백 등에 사용한다.

- 누벅nubuck : 가죽의 털을 제거하고 사포로 문질러 짧게 기모를 일으킨 것으로 스웨이드보다 짧고 고급이다. 외관은 스웨이드와 비슷하나 더 우아하고 부드럽고 매끄럽다. 고급 양, 소가죽으로 만들므로 고가이고 세탁하기가 어렵다.

- 스웨이드suede : 세무, 섀미chamois로 불리며 표면이 안 좋은 가죽의 안쪽 면을 솔질해 기모를 일으켜 무광으로 컬러감이 깊고 부드럽다. 털이 긴 편이며 부드럽지만 오염이 쉽고 세탁이 어려우며 강도가 떨어져 주의가 필요하다.

- 페이턴트patient : 가죽 표면을 얇게 벗겨낸 후 에나멜이나 우레탄으로 코팅한 가공으로 부드럽고 질기며 광택이 강한 것으로 관리가 쉽고 차가워 보인다. 밝은색은 이염이 잘되므로 주의하고 의류, 백, 구두 등에 많이 쓰인다.

- 슈렁컨shrunken : 가죽을 약품으로 수축시켜서 쭈글쭈글한 효과를 낸 빈티지 이미지 때문에 캐주얼에 어울리지만 좋은 가죽을 쓰지 않으며 두껍고 무거워진다.

- 말보로marlboro : 가죽 표면을 깎아 기모를 낸 후 오일처리를 하여 자연스럽고 고급스러운 느낌을 준다. 부드럽고 가벼워 착용감이 뛰어나나 오염이 잘되고 세탁이

어렵다.

- 엠보싱embossing : 가죽 표면을 열과 압력으로 눌러 무늬를 낸 것으로 타조, 악어가죽 같은 원하는 형태가 가능하여 패션성 제품을 만든다. 좋지 않은 가죽을 사용하여 원피의 결함을 숨기며 각인법, 조각법, 부조법 등으로 작업한다.

- 펄라이즈드pearlized : 가죽 표면에 금속 빛의 염료를 코팅한 것으로 광택이 우아하여 여성용 아이템에 많이 사용하며 유행에 민감하다.

- 프린트혁printed leather : 주로 돈피의 나파나 스웨이드에 원하는 디자인을 프린트하여 중저가상품을 만드는 데 사용한다.

- 무스탕mustang : 더블 페이스double face는 생후 1년 전후의 양가죽의 가죽과 털 양면을 가공한 것으로 바깥쪽은 스웨이드 가공을 하고 안쪽은 모피 상태로 고급스럽고 보온성이 매우 좋으나 무겁다. 원피나 원산지, 가공에 따라 가격이 차이가 크고 유행을 많이 타는 편이다.

- 토스카나toscana : 생후 6개월 미만의 어린 양의 가죽을 털과 함께 가공한 것으로 무스탕보다 털이 길고 야성적이며 겉면은 스웨이드나 나파로 가공한다. 칼라 부분에 많이 사용하고 무스탕보다 고급이며 가볍고 착용감이 좋다.

| 나파 | 누벅 | 스웨이드 | 페이턴트 | 슈렁컨 |

| 말보로 | 엠보싱 | 펄라이즈드 | 프린트혁 | 무스탕 |

가죽의 가공

| 좋은 가죽의 관리 요령

- 좋은 가죽은 표면이 부드럽고 광택이 자연스러우며 잔주름이나 모공이 작고 균일하다. 표면이 유난히 매끈한 것은 상처나 깊은 주름을 갈아내고 안료를 입혔거나 합성피혁일 가능성이 있다. 또한 원피나 화학약품 냄새가 나지 않고 얼룩이 지지 않고 균일한 것이 좋다.

- 가죽은 이탈리아산을 최고급으로 치는데 피렌체의 가죽제품이 유명하며, 스페인도 가죽 생산량이 많은 나라이다. 무거운 가죽보다 가벼운 가죽이, 소보다는 양, 어린 것이 더 좋고 암컷이 상품적 가치가 더 크다.

- 모든 가죽은 열, 습기와 물기에 약하므로 이를 피해 관리하고 물이나 습기가 닿는 즉시 마른 천이나 티슈로 두드려 흡수하고 그늘에서 말린다. 드라이기로 말리면 가죽이 뻣뻣해진다. 눈이나 비 오는 날엔 입거나 착용하지 않는 것이 바람직하다. 오염 시에는 가죽 전용 크림을 소량 부드러운 천에 묻혀서 닦아내는데 표면이 매끈하고 단단한 가죽에 사용한다. 단, 표면을 긁어 가공한 제품에는 사용하지 않는다. 스웨이드나 누벅은 때가 잘 타기 때문에 유의하며 더러워지면 바로 오염 전용 지우개로 약하게 문질러 제거하고 전용 솔이나 부드러운 칫솔로 털을 일으키고 미술용 지우개나 식빵 조각을 쓴다.

- 가죽이 부드럽고 좋은 나파나 스웨이드, 누벅 등은 긁힘에 민감하므로 일부러 스크래치 효과를 포인트로 캐주얼한 느낌을 준다. 그러나 손톱에 긁힌 자국은 전혀 다르고 볼펜 자국은 잘 지워지지 않으며 특히 밝은색은 주의한다.

(2) 모피

| 모피의 특성

모피는 털이 있는 상태의 가죽을 무두질하여 가공한 것으로 조밀한 것이 보온성이 뛰어나고 내구성이 강하다. 호화로운 기품과 고급스럽고 독특한 천연의 광택을 가지고 있고 감촉이 부드러운 패션성이 있는 소재이다.

염색 기술의 발달로 천연의 모피 색 이외에도 다양한 염색으로 장식 효과가 크며 제품의 색상과 스타일, 희소성, 사용 부위, 봉제, 트리밍, 무두, 염색에 따라 가격이 다양하다.

▌밍크 숄 ▌램스 퍼, 데님 콤비네이션 ▌폭스 숄 재킷 ▌알파카 질레 베스트
코트

모피로서 실용되는 동물은 약 100여 종 이상이나 섬유상품에 많이 사용되는 모피는 20여 종으로 세이블, 친칠라, 밍크, 여우, 바다표범, 무스탕, 토스카나 등 호화로운 것과 토끼, 다람쥐, 족제비, 너구리 등 비교적 값싸고 실용적인 것까지 다양하다.

모피 명칭은 알래스카 밍크, 호주산 양털과 같이 동물의 이름과 원산지를 붙여 부른다.

▌좋은 모피의 관리 요령

- 모피 전용 빗을 마련하여 입기 전과 후에 부드럽게 빗질해 주고 먼지 없는 통풍이 잘 되는 곳에 보관한다. 장기간 보관할 때는 통풍이 되는 천 커버를 씌우고 무거운 물건에 눌리면 재생이 어려우므로 주의한다. 모피는 최대한 세탁하지 않는 것이 좋다.

- 수분과 습기를 피하고 눈비를 맞아 얼룩이 생기면 마른 수건으로 털어내고 물기가 마르면 두 손으로 가볍게 비벼준다. 광택을 내기 위해 약하게 다림질한다. 드라이 클리닝을 하면 털이 빠지고 색이 변하고 윤기가 없어질 수 있다.

- 모피는 습기, 충해, 열에 약하며 이외에도 오염, 곰팡이 등으로 인해 상하게 된다. 방충제를 넣어 두고 여유 있게 보관한다.

3) 텍스처의 분류 및 특성

문양이 없는 단색 소재를 솔리드solid라 하고, 소재의 표면 질감을 텍스처texture라고 한다. 텍스처 고유의 느낌은 촉감과 청각, 시각 등의 손맛으로 아는 감각적 요소로 빛과 색의 영향을 많이 받는다. 텍스처와 체형에 따른 연관 관계를 알아보면 다음과 같다.

표 10-4 텍스처의 분류 및 특성

소프트soft 부드러운 질감	모든 체형에 잘 어울리고 따뜻한 느낌을 준다. 부드럽고 가벼운 느낌으로 온화하고 페미닌한 이미지다.
림프limp 매우 부드럽고 몸에 휘감기는 느낌	드레이프성과 신축성이 있어 신체에 밀착되므로 체형의 곡선이 매우 잘 나타나 여성성이 잘 드러난다.
드레이프drape 부드럽고 드레프성이 있는 질감	인체의 곡선을 따라 체형을 가늘어 보이게 하는 효과가 있다. 늘어지는 느낌으로 신축성이 있기 때문에 통통한 체형에는 무리 없이 사용되나 체형을 드러내 오히려 효과가 떨어질 수도 있다.
크리스피crispy 보통 뻣뻣한 질감	풀기가 약간 있는 느낌으로 아삭한 촉감과 형태감이 있어 몸에 잘 붙지 않으므로 가장 일반적이고 많이 사용된다.
스티프stiff 힘 있고 뻣뻣한 질감	신체에서 멀리 떨어지므로 체형이 확대되어 보이므로 마른 체형이나 확장된 실루엣을 원할 때 적합하다.
러프ruff 부피가 큰, 거친, 잔털이 있는 질감	표면이 거칠기 때문에 투박하고 부피감이 있어 볼륨 있는 디자인에 적합한 소재다. 신체가 확장되어 보이며 체형의 결점을 보완할 수 있다. 모직물의 거친 느낌이다.
샤이니shinny 광택 있는 질감	광택에는 금속이나 에나멜처럼 찬 느낌과 부드러운 느낌이 있다. 빛을 반사해 실제보다 확대되어 보이는 착시 효과가 있으므로 체형이 큰 사람은 주의하여야 한다. 우아한 광택의 실크는 고급스러워 보인다.
시스루see through 비치는 질감	비치는 소재는 체형이 그대로 드러나므로 디자인과 속옷, 코디네이션에 유의하여야 하며 가볍고 시원하며 섹시하고 로맨틱한 이미지 표현에 좋다.
매트matt 까슬까슬한 광택이 없는 질감	마 섬유의 까슬까슬한 느낌이다. 풀기 있는 재질감으로 약간 뻗치는 볼륨이 있으며 형태를 유지하는 특성이 있다. 실루엣 표현에 좋으며 볼륨감 있는 드레스 표현에 효과적이다.
메탈릭metallic 금속적인 광택의 질감	금속적인 광택을 가진 소재로 비닐코팅과 에나멜(페이턴트) 등 날카롭고 차가운 이미지로 여름철에 많이 사용된다. 주로 우주 룩이나 미래주의, 전위적인 패션 등을 표현하고 가방과 구두에도 많이 사용된다.
벌키bulky 부피가 커 보이는 벌키한 질감	두툼한 니트나 오리털 파카, 모피와 같이 체형을 크게 보이게 하는 소재로 따뜻하나 디자인에 주의를 필요로 한다. 대비되는 실루엣으로 균형을 이룬다.
오일리olily 기름기가 반질반질한 질감	가죽에 기름기가 도는 것과 같은 깊은 광택이 있는 것으로 광택이 고급스럽고 멋스럽다.

소프트	림프	드레이프	크리스피
스티프	러프	샤이니	시스루
매트	메탈릭	벌키	오일리

소재의 재질감

4) 텍스처 코디 스타일링

텍스처 코디 스타일링이란 촉감이나 부피감, 무게감, 뻣뻣함 등 앞의 〈표 10-4〉에서 설명한 표면감의 특성에 맞추어 각각의 아이템들을 조화롭게 스타일링 하는 것을 말한다. 동일 색이나 소재라도 표면감이 다르면 충분히 다른 느낌으로 스타일링 할 수 있다.

(1) 동일 텍스처 코디 스타일링

각 아이템의 소재가 같아서 텍스처가 같기도 하지만 유사 소재도 조직이 같거나 비슷하면 텍스처가 같을 수 있다. 텍스처가 드러나지 않는 경우 시각적으로 단정하고 안정감과 통일감을 주기 때문에 정돈된 이미지에는 효과적이지만 변화가 없어 단조로워 보일 수 있다. 반면 텍스처가 도드라지면 강하게 보일 수 있다. 셋업 코디 스타일링에는 색상과 텍스처가 같은 소재를 활용하고, 캐주얼 스타일링에서는 색상과 문양, 포인트가 될 수 있는 디테일과 트리밍 등으로 다르게 변화를 주어 차분한 텍스처에 생동감을 주어 연출한다. 예를 들면 여름에 얇은 면 셔츠에 매트한 면바지, 겨울에 소프트한 울 스웨터에 울 니트 팬츠를 코디하는 경우로 간결하기 때문에 무난하고 세련된 느낌을 준다.

(2) 유사 텍스처 코디 스타일링

텍스처가 유사하게 배합될 경우에는 텍스처 고유의 이미지에 초점을 맞춘다. 약간의 차이로도 단조롭지 않으며 감각적으로 익숙한 분위기를 보여주므로 과감한 변화를 쉽게 받아들이지 못하거나 선호하지 않는 사람들에게는 잘 어울리는 조합이다. 멀리서 보면 변화를 못 느끼지만, 가까이서 보면 아이템 간에 색상과 광택이나 문양의 차이 등으로 잔잔한 변화를 주어 신선하면서도 재미있게 느껴지는 세련된 스타일이다. 유사 텍스처의 구성은 광택과 색상의 변화를 보여주는 방법이 일반적인데 유사 색상이라도 텍스처가 유사하면 통일감 있어 보인다. 광택 있는 실크 새틴 블라우스와 폴리에스터 팬츠를 코디

▎동일 텍스처 　　　▎유사 텍스처 　　　▎대비 텍스처

하거나, 면 재킷에 부드러움과 부피감이 있는 마 팬츠를 함께 착용하는 것 등이다.

(3) 대비 텍스처 코디 스타일링

이질적인 텍스처를 조합하여 스타일링 하는 방법인데 광택이 나는 실크 블라우스와 매트한 마직 스커트, 드레시한 레이온 셔츠와 뻣뻣한 진, 하늘하늘한 시폰 스커트와 가죽 바이커 재킷의 매치 등과 같이 서로 대비되는 텍스처를 조합한 스타일링이다. 텍스처를 부각하는 데 초점을 맞춤으로써 이질감, 부조화를 통한 풍부한 아이디어와 기발한 스타일링을 보여줄 수 있으며 독특함과 흥미로움을 느끼게 한다. 규칙이나 공식 없는 믹스 앤 매치 스타일링으로 잘못 하면 거부감을 줄 수도 있지만, 센스 있게 활용한다면 개성적인 표현으로 패션 센스를 돋보일 수 있고 새로운 매력을 보일 수 있어서 많이 활용되는 방법이다.

5) 패턴의 종류와 특성

문양은 모티브와 패턴pattern으로 분류한다. 모티브는 문양을 이루는 기본 단위이며, 패턴은 모티브가 모여서 이루는 문양의 전반적인 형태를 말한다. 문양은 프린트뿐만 아니라 직조 상 만들어지는 패턴, 자수, 패치워크, 아플리케, 컷 워크, 단독 프린트된 것, 엠블럼 부착으로 형성된 것도 문양으로 분류된다. 또한 텍스처, 색상과 더불어 의복의 시각적 효과를 잘 나타내는 요소로 의복을 디자인할 때 문양은 착용자의 체형, 취향, 연령뿐 아니라 의복 만들 때 봉제성, 트렌드도 고려해야 하는 중요한 디자인 요소이다. 문양은 신체의 장단점을 보완하는 효과가 있으므로 문양의 이미지나 크기는 체형의 비례와 규모에 맞게 선택한다.

문양은 그 특성에 따라 사실적, 기하학적, 추상적, 전통적 문양으로 나눌 수 있으며 문양의 크기, 배치, 방향, 색상의 조합을 활용하여 다양한 이미지를 연출할 수 있다. 또한 소재의 질이 다소 낮더라도 결점을 문양으로 보완할 수 있고 의복의 라인을 감추어주므로 디자인의 단순함과 문양을 활용할 수 있는 기술이 필요하다.

(1) 사실적 문양

일상의 생활 속에서 접할 수 있는 자연적인 것들을 모티브로 사용하는 것이다. 동물이나 식물의 자연물과 여러 가지 사물을 소재로 한 것이 있다. 식물 문양의 경우 여성스럽거나 자연 친화적이고 부드러운 느낌을 주는 것이 많고 호피, 파이톤python과 같은 동물 문양은 야성적이고 역동적인 섹시한 느낌을 준다. 건물이나 거리, 책, 기구 등과 같은 사물 문양은 유머러스하고 현실적이고 멋진 풍경을 느끼게도 하고 자극적인 느낌을 주기도 한다. 문양을 사실적으로 묘사하면 문양 본래의 감성을 보여주지만 상징적 표현은 귀엽고 유머러스하고 사랑스럽다.

(2) 기하학적 문양

기하학적graphic 문양은 모던하고 클래식하기도 하고 캐주얼한 이미지에 잘 어울리는 추상 예술의 한 분야로, 조형적 단순함 때문에 통일감 있고 눈에 잘 띈다. 남녀, 연령 구분 없이 애용되는 대중적인 문양으로 삼각형, 사각형, 원, 도트, 체크, 스트라이프, 옵아트 등 주로 선이나 면과 같은 기하학 형태가 사용된다. 기하학 문양은 규칙적이고 딱딱한 느낌과 함께 단정하며 젊고 경쾌한 느낌을 주고, 도트 문양은 젊고 귀여우며 경쾌한 이미지로 캐주얼이나 여성스럽고 드레시한 디자인뿐만 아니라 남성 셔츠나 넥타이 문양에도 꾸준히 애용되는 클래식한 문양이다. 기하학적 문양은 시선을 강하게 유도하는 경향이 있어 의복의 디자인과 문양을 배치할 때 면적과 간격, 색상의 대비 정도를 고려해서 선택한다. 의복을 구입할 때는 의복 솔기가 연결되는 부분의 문양이 잘 연결되어 있는지 고려한다.

(3) 추상적 문양abstract pattern

선과 면, 컬러를 조화시켜 자연물이나 인공물을 상상력과 창의력에 의해 인지할 수 없을 정도로 변형하여 만든 문양으로 컬러의 조합이 매우 중요하다. 추상 문양은 다른 문양에 무한한 이미지를 내포하고 있기 때문에 예술미가 돋보이며 심플한 일상복에서부터 이브닝드레스까지 문양에 따라 폭넓게 활용된다. 캐주얼하거나 드레시한 이미지를 자유자재로 만들 수 있는 독창적인 문양이다.

(4) 전통적 문양traditional pattern

각 나라와 민족마다 전통적으로 내려오는 이미지로 특정 지역과 민족이 오랫동안 사용한 독특한 분위기의 문양이다. 주로 자연물을 단순하게 변형시켜 디자인된 것이 많으며 시대적인 상징이나 민족의 기호가 되기도 한다. 사실적인 문양보다는 독창적인 형태

| 사실 문양 | 기하 문양 | 추상 문양 | 전통 문양 | 그래피티 |

로 기하학적이며 세련된 느낌을 줄 수 있으나 의복의 형태보다는 문양에 포인트가 있고 에스닉한 감성표현에 좋다. 대표적인 페이즐리, 당초 문양, 아가일 문양 등이 있다.

(5) 그래피티graffiti

그래피티graffiti는 이탈리아어로 '긁힘'의 뜻이 있는 낙서와 벽화의 요소를 갖춘 예술 장르로 캐주얼하고 자유로운 감성을 갖고 있어 티tee나 아우터outer에 많이 사용되는 문양이다. 뉴욕 뒷골목의 담벼락에 스프레이로 그린 낙서화가 유명하며 내용에 따라 의사 표현 등의 상징성을 가지고 있다.

6) 패턴 코디 스타일링

여러 아이템을 코디하면서 패턴을 포인트로 한 코디 스타일링을 '패턴 온 패턴'이라고 하는데 같은 패턴이라도 컬러에 따라 동질감을 주기도 하고 이질감을 주기도 하므로 색상의 조화가 매우 중요하다. 패턴 온 패턴 코디 스타일링은 조화가 잘되면 럭셔리하고 개성적이지만 잘 맞지 않으면 산만하고 패션 센스가 없어 보일 수 있으므로 세심한 코디 테크닉이 필요하다.

(1) 동일 패턴 온 패턴 스타일링

① 패턴은 동일하나 색상이 다른 패턴의 코디 스타일링

이 유형은 패턴은 같지만 패턴 자체의 색상이나 바탕색이 다른 경우인데 이를 컬러 웨이라고 한다. 예를 들어 흰색 바탕에 검정 도트의 상의와 검정 바탕에 흰색 도트 패턴의 하의를 조화시키는 방법이다. 패턴이 같아서 통일감을 주고 안정된 인상을 주지만 지루하지 않다.

② 패턴은 동일하나 크기가 다른 패턴의 코디 스타일링

패턴의 크기에 따른 코디 스타일링은 전체적인 통일감을 살리면서도 작은 변화를 추구하기 때문에 일반적으로 시각적인 거부감이 적고 차분한 이미지를 준다. 예를 들면 가는 스트라이프 패턴 팬츠에 굵은 스트라이프 패턴 재킷을 코디하거나 큰 플라워 패턴 블라우스에 작은 플라워 패턴 스커트를 코디하거나 작은 도트 패턴과 큰 도트 패턴으로 되어 있는 아이템을 매치하는 방법이다. 이때는 동일한 색상이거나 아이템의 배색에 각별히 유의해야 한다.

(2) 유사 패턴 온 패턴 스타일링

유사 패턴 온 패턴 코디 스타일링은 시각적으로 세련된 감각을 줄 수 있고 패턴 자체의 이미지를 더욱 강하게 표현할 수 있다. 그러나 패턴의 크기와 색상이 비슷한 경우는 오히려 애매하거나 산만해 보일 수 있기 때문에 코디할 때 주의가 필요하다. 도트 패턴의 크기와 배열이 다른 유사 패턴에 컬러를 통일하면 은근한 변화가 세련되어 보인다.

(3) 대비 패턴 온 패턴 스타일링

이미지와 성질이 다른 이질적 패턴 조합은 부조화의 미를 감각적으로 통일하는 방법과 여러 패턴을 자유롭게 코디하는 방법이 있다. 새로움과 과감함, 독특함을 표현하는 방법으로 그것 자체가 매력적이다. 자연 문양과 추상 문양, 기하학적 문양과 전통 문양 등 양극 관계에 있는 것들을 조합한다. 유니크하고 세련되어 보일 수 있지만 과장된 조합은 거부감을 줄 수 있고 매우 독특한 스타일링을 연출할 수도 있다.

① 이질적 패턴의 감각을 통일한 스타일링

- 유사 감각은 패턴의 형태는 다르지만 그 느낌을 상승시키는 효과가 있다. 예를 들어 플로랄 패턴과 도트 패턴의 조합은 여성적이고, 스트라이프와 체크의 조합으로

▌동일 패턴 다른 색　　▌동일 패턴 다른 크기　　▌유사 패턴　　▌대비 패턴　　▌이질적 패턴 통합

보이시하고 모던한 느낌을 주는 것 등이다.

- 대조 감각에 의한 패턴 조합은 서로 생소한 패턴을 조합시켜 보다 새롭고 과감한 방식으로 코디하는 것으로 거기에서 오는 부조화와 의외성을 부각하는 방법이다. 잔잔한 체크무늬 셔츠에 화려한 꽃무늬 스커트를 매치한다거나, 자유로운 추상 패턴의 블라우스에 직선적인 기하학적 패턴의 팬츠를 입으면 이색적인 느낌을 준다.

② 다양한 패턴의 자유로운 코디 스타일링

각각의 아이템들을 패턴, 형태, 컬러, 감각과 관계없이 자유롭게 조합하는 것으로 패턴 자체의 형태나 다양한 컬러 등을 통한 풍요로운 조화를 중시한다. 에스닉 감각의 민속풍 의상이나 자유로운 감각을 보여주는 히피풍, 팝아트, 스트리트 패션, 키치적 표현 등이 있으며 각각의 균형 감각이 중요하다.

3／ 패션 이미지 코디 스타일링

패션을 통한 이미지의 표현은 외면의 아름다움과 함께 내재한 감성과 취향을 보여주는 중요한 매개체이다. 현대인들은 라이프 스테이지life stage에 따라 자신의 다양성을 보여주고 싶어 한다. 직장에서는 성실하고 유능한 모습으로, 파티에서는 유머러스하고 매력적인 콘셉트로, 가정에서는 다정하고 편안하게, 특정한 패션 이미지에 맞춰 의복을 선택하고 헤어스타일, 메이크업, 액세서리 등과 함께 스타일을 완성한다. 패션 이미지는 그 시대의 사상, 정서, 상상력, 미적 가치와 사회적 배경에 따라 유행하는 이미지가 있으며 개인의 취향에 따라 선호하는 이미지가 있다. 각각의 이미지를 연출함에도 트렌드에 따라 스타일링이 변화한다. 다음의 이미지가 가지고 있는 콘셉트를 이해하여 패션 이미지 연출에 응용함으로써 어울리는 스타일링을 표현하도록 한다.

1) 클래식

클래식classic은 시대를 초월하는 가치와 보편성을 가지고 입혀지는 스타일로, 품격과 깊이감이 있는 이미지를 가지고 있다. 오래전부터 연령대를 불문하고 점잖고 보수적인 성향을 가진 사람들로부터 선호되어 온 스타일로 전통적 스타일을 추구한다. 클래식도 시대에 따라 트렌드를 가미하며 시대의 특성에 부응한다. 균형과 조화를 중시하며 튀거나 강하지 않고 언제 봐도 친근함이 있다. 깔끔한 헤어스타일, 자연스러운 은은한 메이크업, 고급스럽고 격조 있는 취향의 이미지이다.

┃ 클래식

테일러드슈트, 트렌치코트, 카디건, 샤넬 슈트, V넥 풀오버, 폴로셔츠, 프레피 룩Preppy look, 베이직한 블루진 등이 대표적인 클래식 아이템이다. 검정, 브라운, 네이비, 카멜, 카키, 버건디, 다크 그린, 머스타드 등 딥 톤의 중후한 느낌의 컬러, 트위드, 개버딘, 모(울), 면(코튼), 피케, 데님 등의 소재가 주로 쓰인다.

- 액세서리 : 중후하고 보수적이며 클래식한 이미지의 시계, 형태감 있는 백, 심플하지만 고급스러운 가죽 장갑, 펌프스, 페도라, 머플러 등을 코디하여 스타일을 완성한다.

2) 엘레강스

엘레강스elegance는 우아하고 고급스러운 성숙한 여성의 이미지로, 강렬하지 않은 중간 톤이나 톤 다운된 컬러를 주로 사용하여 배색한다. 대리석 컬러의 드레스나 부드러운 슈트와 같이, 디자인은 주로 곡선을 사용하며 많은 디테일이나 장식을 사용하기보다는 우아함이 드러날 수 있는 절제된 디자인을 추구한다. 소재는 흐름이 좋고 촉감이 부드러우며 광택이 은은한 실크나 레이온 등이 좋다. 드레시한 의복은 여성스럽고 우아한 이미지를 표현하기에 가장 적합한 요소로 각지거나 과장된 어깨를 피하고 부드러운 곡선적인 느낌을 추구한다.

❙ 엘레강스

- 액세서리 : 엘레강스 이미지는 보석류의 주얼리, 럭셔리한 힐, 진주 목걸이와 귀걸이 등 우아한 여성성을 드러내는 것이 효과적이다. 곡선 형태의 부드러운 질감의 핸드백, 과하지 않은 광택의 보석류가 장식된 백도 어울린다. 앞코가 부드럽고 고급스러운 소재의 펌프스나, 스트랩 샌들 등이 우아함을 보완한다.

3) 로맨틱

로맨틱romantic은 낭만적이고 귀여운 이미지로 사랑스럽고 여성적이다. 베이비 돌 룩baby doll look과 리틀 걸 룩 등이 있으며, 여성적인 프린세스 라인, 턱 드레스, 잔잔한 플로랄 드레스, 엠파이어 드레스가 있고 소프트 재킷, 라운드 칼라, 레이스, 리본, 러플, 개더, 자수 등으로 여성성을 드러내면서 장식적인 요소가 많은 디테일이 포인트다. 스커트는 풍성한 실루엣의 풀 스커트, 프릴 스커트, 흐르는 듯한 부드러운 실루엣의 스커트로 연출한다. 컬러는 페일 톤이나, 파스텔 톤을 사용하여 로맨틱함을 강조하고 강한 컬러를 사용하되 로맨틱 요소의 디테일을 장식하여 조화를 이룬다.

❙ 로맨틱

- 액세서리 : 진주 목걸이나 귀걸이, 얇은 체인의 골드 목걸

이, 장식용 칼라, 톤이 부드러운 핑크나 블루계열 등의 스카프, 리본, 프릴 장식, 부드러운 소재의 곡선형 백, 겨울에는 모피나 숄 등으로 로맨틱하게 한다. 구두는 장식이 있는 플랫, 패브릭 소재의 아트적인 이미지, 메리 제인, 스트랩 샌들 등이 로맨틱 이미지와 잘 어울린다.

4) 모던

모던modern 이미지는 깔끔하고 절제된 도시적 스타일링으로 지적이며 차갑고 세련되어 보이는 동시대 커리어 우먼의 대표적인 이미지이다. 매니시와 미니멀리즘의 영향을 많이 받아 장식성이 배제된 직선적이거나 단순한 곡선 형태의 간결한 디자인을 추구한다. 현대인의 단순한 라이프스타일과 연계성이 있으며 미래적인 것과 스페이스space적인 스타일도 내포하고 있다. 컬러는 주로 모노톤이거나 톤 다운된 회색기가 가미된 컬러를 사용하며 대담한 컬러의 대비나 흑백 대비, 다양한 그레이 톤의 변화를 포인트로 한다. 한 패턴에 여러 가지 색을 사용하지 않으며 단색을 기본으로 기하학적인 직선 패턴이나 심플한 추상 패턴이 모던 이미지에 적합하며 옵아트나 체크 패턴도 이미지를 돋보이게 한다.

뉴욕 트래드New York trad 이미지는 미국 도심의 커리어 우먼들의 대표적인 스타일로 니트 카디건, 새틴 블라우스, 심플한 디자인의 원피스, 슬릿이 들어간 펜슬 스커트 등의 아이템으로 심플하면서도 활동성 있고 세련된 룩을 연출하는데 모던 이미지에 속한다.

- 액세서리 : 골드보다는 차가운 이미지의 실버를 이용한 금속 주얼리로 반지, 귀걸이, 목걸이, 팔찌, 뱅글 등에 패턴은 기하학적, 미래적 느낌, 심플한 원 포인트 디자인을 매치한 것이 잘 어울린다. 무채색의 모노톤 컬러와 차가운 느낌의 메탈, 가죽, 플라스틱 등을 소재로 한 절제된 디자인의 신, 백 등의 액세서리가 이미지를 돋보이게 한다.

❙ 모던

5) 매니시

매니시manish는 남성복 아이템, 디자인과 디테일을 여성복에 도입하여 여성복으로 사용하거나 남성적인 특징을 가지고 있는 여성복 스타일을 말한다. 단순한 디자인과 패턴으로 깔끔한 이미지와, 지적이고 클래식하며 중후한 멋을 표현할 때도 사용한다. 과거에는 페미니즘의 일환으로 남녀평등을 주장하면서 입기 시작했으나, 현대의 매니시는 합리주의와 활동성 등을 대표하며 자립심이 강한 전문직 여성의 이미지를 나타낸다. 스타일링 포인트는 남성적이면서 여성적인 매니시 룩으로 연출하는 테크닉이 필요하다.

┃ 매니시

테일러드 칼라의 정장 슈트나 코트를 깔끔하게 착용하여 지적인 세련미를 나타낸다. 소재는 스트라이프나 개버딘, 모(울 믹스 등) 등의 중량감 있고 힘 있는 소재가 사용된다. 주로 직선적인 실루엣에 클래식한 스트라이프와 헤링본, 체크, 직조에서 나오는 패턴 등이 활용되고 컬러는 진한 다크 앤 덜 톤dull tone이나 무채색, 네이비, 브라운, 카키, 베이지, 에크루, 흰색 등이 매니시 이미지 표현에 적합하다.

- 액세서리 : 심플하고 디테일은 원 포인트로 하거나 간결하다. 백은 장식이 절제된 직선형의 심플한 서류 백이나 숄더백, 크로스 백, 백 팩, 클러치 백이 어울린다. 옥스퍼드, 로퍼, 몽크, 스니커즈 등의 남성적인 특성의 구두, 넥타이, 중절모, 머플러, 벨트 등이 매니시한 스타일링에 효과적이다.

6) 밀리터리

밀리터리military는 1940년대 제2차 세계대전으로 인해 크게 유행했던 룩으로, 군복풍의 요소를 가지고 있는 이미지이다. 밀리터리 감각은 아미army 룩, 전쟁 룩, 게릴라 룩 등을 포함하며 직선적이고 기능적이며 활동성이 강조된 스타일로, 스커트는 짧고 타이트하며, 야상, 봄버 재킷 등은 남녀를 불문하고 젊은 층에서 즐기는 아이템이다. 컬러는 카키색, 베이지를 기본으로 다양한 컬러의 카무플라주camouflage 패턴이 대표적이다. 스타일링 전체를 모두 밀리터리 요소로 하기보다는 다른 패션 이미지와 믹스매치하거나 크로스오버 스타일링 하고 액세서리 등을 포인트로 하여 센스가 돋보이도록 한다. 예를 들면 로맨틱한 드레스에 군화의 매치, 카무플라주 패턴의 육감적인 드레스, 카키색 야상에 글리터링한 스커트 등을 매치한다.

디테일로 견장, 금속 단추, 아웃 포켓, 플랩포켓, 아코디언 포켓, 군 계급장, 엠블럼 등을 사용하여 밀리터리 이미지를 배가시킨다.

- 액세서리 : 훈장, 부대 표시 마크나 계급장의 엠블럼, 묵직한 군번으로 만든 목걸이, 군모, 군화, 군용 백 팩, 카무플라주 패턴 소품 등과 매치하면 밀리터리 이미지 표현에 효과적이다.

▌ 밀리터리

7) 스포티브

스포티브sportive는 '스포츠맨다운', '운동의' 등의 의미로서, 스포츠웨어의 기능성, 활동성, 편안함을 패션에 적용한 스포츠 감각의 패션 스타일이 스포티브 이미지다.

1980년대 이후 길거리 농구, 야구, 에어로빅, 스케이트보드, 스노보드, 롤러스케이트 등과 같은 스포츠가 대중 속으로 들어오면서 건강미와 스포츠를 즐기는 마인드로 발달하게 된 패션이며 그 후 레쉬 가드, 하이테크 스니커즈, 전문 스포츠웨어 등의 고유한 스포츠웨어에 다양한 이미지의 캐주얼 아이템을 섞어서 전문적인 스포티브 이미지가 널리 유행했다. 스포티브 스타일은 기능성을 가미한 디자인에서부터 건강과 레저를 위해 스포츠의 요소를 모던하고 고급스럽고 팝아트적인 유머로 재창조하고 패션성과 건강을 결합한 에스레저 룩까지 다양하다.

저지, 니트, 캐시미어, 스판덱스 등이 들어간 신축성 소재, 신체가 쾌적한 상태를 유지하도록 흡습성이 좋은 기능성 소재, 활동하기 편하도록 고안된 패턴, 스트링, 지퍼, 후드 등의 기능성 디테일 등 신체의 움직임에 쾌적한 모든 요소를 가미한다.

▌ 스포티브

컬러는 비비드 톤이나 브라이트 톤에서부터 무채색까지 거의 구애받지 않고 사용되며 대비가 강한 컬러의 사용은 역동적인 느낌을 준다. 기하학적이고 추상적인 패턴, 로고나 숫자를 이용한 그래픽 패턴 등이 활용된다. 스포츠웨어의 패션성과 활동성은 일상복으로 자리 잡았고 그 시장도 더욱 확대되어가고 있다. 스포티브 감각이란 마린 룩, 조깅 룩, 서퍼 룩, 폴로 룩, 테니스 룩, 골프 룩 등의 전문 스포츠웨어보다는 일상생활에서 입을 수 있는 스포츠 이미지가 가미된 룩을 말하며 캐주얼과 스포츠의 합성어로 캐포츠라는 용어가 있다.

- 액세서리 : 스포츠 느낌의 캡, 썬 캡, 선글라스, 고글, 비니, 등산모, 헤어밴드 등과 숫자나 그래픽 패턴이 들어간 빅 백, 백 팩, 손목보호대, 구두는 낮은 굽의 로퍼나 다양한 용도의 스니커즈, 스포츠 샌들 등으로 스타일링 한다.

8) 에스닉

에스닉ethnic 패션이란 서유럽을 중심 시각으로 보고 그 외의 지역인 비기독교 문화권인 아시아, 중동, 아프리카, 남아메리카 등 민속적이고 종교적이고 토속적인 지역 고유의 아름다움을 패션에 도입하여 현대적으로 재해석해 패션 스타일로 창출한 것이다. 주로 민속 의상과 민속 고유의 염색, 직물, 자수, 전통 문양 등에서 영향을 받아 디자인한 패션 스타일로, 이미지는 현대와 전통을 믹스해 놓은 듯 묘한 매력이 있으며 신비해 보이기도 한다.

한편 포클로어folklore나 이국적인 신비스러움을 추구하는 엑조틱exotic, 열대지방의 식물무늬, 꽃, 야자수, 과일 등 강렬한 컬러와 여름에 활동적인 패턴의 트로피컬tropical, 아시아권의 민속의상 이미지인 오리엔탈oriental, 인디언Indian 룩 등은 용어상 구분 되어 있지만 에스닉이란 범주의 부분으로 공유되는 감각이다. 1960년대의 포클로어에 이어 80년대에 들어서 지역주의 문화 확산 현상과 함께 붐을 일으켰다. 현대에 와서는 민족적인 고유성의 가치와 트렌드의 공유, 소통의 중요함이 커지면서 에스닉의 이미지는 더욱 강화되고 패션의 중요한 트렌드로 자리 잡고 있다

- 액세서리 : 금속이나 나무, 동물의 뼈로 된 내추럴 소재, 원

▍에스닉

색적인 뱅글이나 손뜨개, 칠보로 된 팔찌와 큼지막한 호박, 원석, 준보석 등의 화려한 재질의 액세서리를 믹스하여 매치한다. 털실과 비즈를 엮은 목걸이와 반지, 태슬이 달린 위빙 벨트 또는 홀치기염 한 천연소재의 머플러를 두건으로 쓰거나 몸에 두른다. 민속 고유의 컬러로 문양이 새겨진 백이나 모자 등은 에스닉한 감성을 더욱 진하게 표현한다.

9) 빈티지

빈티지vintage는 '수확기의 포도', '숙성된 포도주'란 의미이다. 빈티지 스타일은 색이 바라고 오래된 듯한 중고와 리사이클, 자연 소재, 푸어 룩poor look, 그런지 룩grunge look 등으로 소외되고 주변적인 것에 새로운 미적 가치를 부여하고 추의 미학을 받아들이는 발상의 전환과 인간성 회복을 꾀하려는 풍조이다. 1980년대 이후 포스트모더니즘과 함께 부각된 빈티지 스타일은 풍요로운 물질에서 보상받지 못하는 정신적인 빈곤함을, 한때 애용되었을 중고 의류와 소품, 액세서리 또는 그런 감각이 느껴지는 아이템으로 표현하는 이미지이다.

1990년대 말 틀에 박힌, 새 옷을 거부하는 미국 대학생들을 중심으로 관심을 끌기 시작했으며 오래된 느낌이나 세월의 무게가 느껴지는 직물(털실로 짠 니트, 패치워크patchwork, 아플리케appliqué, 자수 등의 소재나 면 레이스 장식, 워싱으로 빛바래고 찢어진 블루진 등)을 사용하는 것이 특징이다. 오늘날 패션의 빈티지는 가구의 앤틱antique과 같은 가치로 인정받고 있다.

- 액세서리 : 굵은 털실로 손뜨개 한 머플러, 모자, 숄, 장갑이나 금속프레임의 각지고 낡은 핸드백, 오랜 세월의 흔적이 보이는 주얼리, 손거울 등이 빈티지 표현에 좋다.

∥ 빈티지

10) 보헤미안

보헤미안Bohemian이란 체코의 보헤미아 지방에 살던 떠돌이 집시들이 유럽으로 이주하면서 15세기 무렵 프랑스인들이 그들을 '보헤미안'이라고 부르기 시작한 데서 비롯되었으며, 1848년 W. M. 새커리Thackery가 그의 작품에서 세속을 멀리하는 그들의 생활방식과 비슷한 예술가들을 가리켜 사용한 후 일반화되었다. 현재는 정신적인 풍요로움을 기반으로 사회관습이나 규율에 구애받지 않고 방랑 생활을 하는 자유로운 영혼을 가진 작가나 예술가들을 일컫는다. 보헤미안을 집시라고 부르기도 하며 패션에서의 보헤미안 감각은 루즈loose하고 치렁치렁하게 늘어뜨린 집시 스타일의 독특한 의상을 현대인들의 취향에 맞게 자연스러운 실루엣과 소프트한 레이어링으로 고급스럽게 발전시킨 것이다. 1990년대 보보스bohemian bourgeois의 출현은 풍요로운 자유인의 상징이었다.

┃ 보헤미안

60년대 히피룩hippie look에서 영감을 받은 보헤미안 이미지의 주요 컬러는 빛바랜 내추럴 컬러, 노랑, 오렌지, 핑크, 터콰이즈 등 에이시드acid(신맛의) 컬러로 플라워 패턴, 수공예적인 패치워크, 자수, 염색, 크로쉐 니트 등의 기법과 친근하다.

소재는 전반적으로 부드러운 재질을 사용하며 여유 있고 풍성한 느낌의 티어드 스커트, 블루데님 셔츠, 잔잔한 플로럴 패턴의 풀 스커트, 아플리케 튜닉 셔츠, 전통문양의 엠파이어 드레스 등이 믹스 앤 매치되어 자유로운 감성으로 표현된다.

- 액세서리 : 수공예적인 구슬, 보석 목걸이, 헤어밴드, 팔지, 반지, 모자 등과 모카신, 두툼한 털 부츠, 샌들, 에스닉 패턴이나 염색한 스카프, 머플러, 끈 벨트, 판초, 호보백 등으로 이미지를 상승시킨다.

11) 펑크

펑크punk는 1970년대 영국 젊은이들의 기성 사회에 대한 반발을 표출한 극단적인 패션이다. 히피에서 변화하여 자신의 무력함과 국가에 대한 불만을 좀 더 적극적인 방법으로 표현한 일종의 안티 패션이며, 질서와 균형을 무시한 예술 파괴주의자를 표방하고 타인에 대한 불쾌감, 공포심, 저항감 등 혐오스럽고 공격적 이미지를 통해 표현된 하위문화 현상이다. 펑크 추종자들은 아프리카인의 몸치장을 동경하여 모히칸, 스파이크 헤어와 보디 페인팅에 열중하고 문명 파괴적인 드라큘라 화장과 같은 기괴한 화장을 즐기며 검정 가죽 바이커 재킷과 가죽, 고무나 플라스틱제의 팬츠, 안전핀, 찢어진 블루진, 타탄체크 스커트, 반사회적인 구호가 프린트된 티셔츠, 플라스틱(비닐) 네트 셔츠, 구멍 난 네트 스타킹, 짝이 아닌 신과 양말의 착용 등 기존의 옷 입는 방식을 과감하게 파괴한다. 펑크 패션이 현대에 와서는 젊은이들의 특징적인 스트리트 스타일로 자리 잡았다

- 액세서리 : 가죽 재킷에 스터드 장식, 체인, 면도날, 안전핀, 실버 주얼리, 닥터 마틴 부츠 등을 장식했다. 저가품이면서 효용 가치가 없는 것을 이용하여 혐오스럽게 스타일링하여 독특한 하위문화를 구축하였다.

∥ 펑크

12) 걸 크러시

크러시crush는 '강렬한 사랑, 완전 반함'이라는 뜻으로 걸 크러시는 여성(girl)에게 한눈에 반한다(crush)는 의미지만 일반적으로 '멋진 센 언니'로 통한다. 여성이 여성에게 느끼는 섹슈얼한 감정을 제외한 호감을 설명할 때도 쓰인다. 그러나 여성끼리의 동성애적 감정과 걸 크러시는 뚜렷하게 구분되지 않을 수 있다.

뛰어난 미모와 몸매 또는 패션 센스가 있고 강해 보이거나 지적이고 사회적으로 성공한 사람을 선망하고 동경하는 경우가 많다. 여성이 봐도 멋있는 여자, 중성적인 매력을 가진 여자, 여성 연예인 중에서는 주로 카리스마 있고 자신감 넘치는 스타일이 걸 크러시의 대명사로 통하면서 대중문화에서 걸 크러시의 범위가 넓어지는 추세다. 걸 크러시는 대개 시크함, 무심한 표정, 남성적인 이미지에 섹시한 아이템, 디스트럭티드 진(찢어진 진) 가죽 바이커 재킷, 가죽 스키니 등을 스타일링 한다.

- 액세서리 : 중성적인 이미지, 섹시한 이미지 여러 줄의 금속 목걸이, 링 귀걸이, 짙은 아이라인, 장밋빛 립스틱 등의 강렬하고 진한 메이크업을 추구한다.

∥ 걸 크러시

13) 록 시크

록 시크rock chic는 록스타와 같은 강한 남성미를 상징하는 것이었는데, 요즘은 여성들도 시크한 패션을 표현할 때 록 시크 이미지를 연출한다. 록 시크 이미지의 옷들은 스크레치 티셔츠와 니트, 찢어지고 구멍 나고, 밑단을 찢은 블루진에 스터드 장식을 가미한 검정 가죽 바이커재킷이나 코트처럼 실용적이며 일상적인 아이템들이 모여 자연히 '록 시크 무드'가 만들어진다. 여성들은 브라톱이나 브라톱 드레스, 뷔스티에 등으로 섹시함을 믹스하기도 한다.

▎록 시크

미국 유럽권 로커들은 옷과 멋 내기에 많은 투자를 하지 않고 좋아하는 옷, 혹은 가지고 있는 옷을 늘 착용하며 정갈하지도 않고 음악에만 집중했다. 그들의 삶이 고스란히 록 시크 분위기에 녹아들었다. 현실의 쾌락적인 생활로 피폐한 삶이 반영된 옷차림은 그들의 성공에도 불구하고 계속 이어졌고, 낡은 옷과 독특한 외적 이미지를 이어가는 그들의 스타일은 '록 시크'란 기호로 불리며 패션 스타일이 되었다.

- 액세서리 : 검정 가죽 스터드 클러치, 스터드 장식이 포인트인 앵클부츠, 싸이하이 부츠, 가죽 뱅글, 가죽 초커, 벨트, 체인벨트로 록의 정신을 표현하였다. 강렬하고 몽환적인 분위기의 스모키한 메이크업과 정리되지 않은 듯한 흩날리는 야성적인 헤어스타일이 록 시크의 무드를 업 시킨다.

14) 아방가르드

아방가르드avantgarde는 '전위적인, 급진적인'의 뜻을 지닌 단어로, 제1차 세계대전 경 유럽에서 일어난 예술운동으로 인습적인 권위와 전통에 대항하는 새 시대의 급진적인 예술 경향이다. 아방가르드 패션은 일반적인 옷에 대한 고정관념을 깨는 실험적인 디자인의 옷들로 유행을 앞서가는 전위적 패션 경향을 말한다. 전위적 감각, 기존 전통의 부정, 새로운 미의식을 창조하는 철학을 바탕으로 기이하고 비이상적이고 개성이 뚜렷한 디자인, 인공적인 컬러, 비대칭, 찢기, 뒤집기, 엮기 등의 독특한 기법을 활용한다. 외형이며 액세서리는 기발하고 특이한 튀는 디자인이 주를 이룬다. '해체주의 패션'도이 아방가르드 패션의 일부로 건축과 음악의 해체주의와 맞닿아 있다고 할 수 있다.

극소수의 기호충족 패션으로 레이 카와쿠보, 마틴 마르지엘라, 릭 오웬스, 알렉산더 맥퀸, 앙드레 주드, 주냐 와타나베 등의 디자인이 아방가르드한 성향을 보인다.

• 액세서리 : 추상 패턴이나 새롭고 독특한 형태의 액세서리, 모자, 신, 백 등 대중적이기보다는 기존에 볼 수 없었던 눈에 띄는 생각지 못한 새롭고 특이한 형태 등이다.

▌아방가르드

4 상품 코디네이션 맵 작성

1) 상품 코디네이션 맵

본 장에서는 브랜드 콘셉트에 맞고 브랜드 이미지를 잘 전달하면서 고객을 유도할 수 있는 매력적인 상품 스타일링과 코디네이션을 제안하여 맵을 작성할 수 있다.

상품 코디네이션 맵이란 다음 시즌에 개발되는 시제품을 모아 디자인 테마별로 스타일, 컬러, 소재별로 분류하거나 다른 방법을 통해 가장 적절한 스타일 그룹을 만들어 시각화시킨 자료이다. 디자이너나 상품 개발실 관련 직원들이 여러 과정을 통해 정한 시제품이므로 맵으로 작성할 때는 한눈에 보기 쉽게 아이디어를 모아 만들고 다양한 시제품을 모아 서로 믹스하고 매치하여 최상의 감각적인 스타일링이 되도록 심혈을 기울인다. 이렇게 만들어진 맵 자료는 의류매장 디스플레이 및 광고에 중요 자료로 쓰인다.

시제품 코디네이션이 확정되어 스타일링이 완성되면 사진 촬영을 하고 코디네이션 북과 프레젠테이션 자료로 만들어 상품 출시 이후의 판매촉진 업무나 판매원 교육에 사용한다.

출처 : 패션디자인프로세스 포트폴리오, 이정하, 2016.

(1) 상품 코디네이션 맵 만들기

- 디자인 테마에 따라 코디네이션 이미지 자료를 모아 구성한다.

- 테마에 어울리는 아이템을 아우터, 이너, 보텀을 그루핑하여 조화롭게 매칭 한다.

- 아이템별로 소재, 컬러 코디네이션을 맵으로 제작한다.

- 아이템별로 소품, 액세서리 등을 코디네이션 하여 맵으로 제작한다.

(2) 상품 코디네이션 자료가 있어야 하는 부서의 목적에 맞게 활용한다.

- 매장의 상품 디스플레이로 룩 북을 사용한다.

- 매장의 VMD를 위해 행거 진열과 선반 연출, 마네킹 코디네이션 자료로 사용한다.

CHAPTER 11

광고업무
지원하기

1/ 광고 콘셉트 제안

    패션 광고는 디지털 광고, TV 광고, 잡지, 광고 이미지 컷, 모바일, VR, 월 페이퍼, 카탈로그, 론칭 쇼, 백화점 이벤트, PPL 광고, DM, 문자전송, 메일링 등 매우 다양하므로 광고 형태에 따라 최적의 촬영 콘셉트를 제안할 수 있다. 광고 콘셉트는 전략을 소통할 수 있도록 개념화한 것으로 브랜드의 인지도가 상승하고 상품을 구매하고 싶도록 최적의 촬영 콘셉트를 제안하여 매출의 증대를 기대해 볼 수 있다.

1) 패션 업체의 광고 유형

    광고 유형에는 상업용 광고와 비상업용 광고가 있다. 패션 업체의 광고는 상업용 광고로 자사의 브랜드 및 상품을 소비자들에게 광고함으로써 인지도 및 선호도를 높여 이윤을 추구하고 반응을 유도하기 위해 다양한 마케팅 수단을 사용한다. 상업광고의 종류에는 잠재 고객의 구매의욕을 자극하는데 일조하는 광고로 소매 광고와 브랜드 이미지 등을 광고하는 기업광고와 광고주가 자사 제품을 유통 업자에게 소매하기 위해 제작된 거래 광고가 있다. 여기서는 소매 광고를 중심으로 살펴보고자 한다.

(1) 인쇄 매체

예전부터 전통적으로 활용되는 방법으로 메시지가 자세히 읽히고 전달돼 기억이 잘 된다. 이성적 소구 위주의 광고에 적합하고 오래 기억되는 경향이 있다. 전파보다 집중력이 높아지며 TV 광고보다 이미지의 컬러 선명도가 높다.

① 잡지광고

잡지는 컬러 표현과 이미지의 세부 디테일 표현이 우수하여 소비자들에게 어필하기 쉬운 장점이 있다. 독자들에게 패션 정보를 전달, 보관하기도 하고 사진 자료는 이미지 맵을 만들 때 사용하기도 한다. 명품, 주부, 아이 광고에 탁월한 효과가 있다고 알려져서 패션 업체가 선호하는 방법의 하나다. 소비자 타깃별로 패션잡지, 패션 전문지 등 광고나 언론기사 형태로 주기적으로 또는 스파트로 이미지를 노출하여 광고의 효과를 얻을 수 있다. 또한 잡지사의 온라인 사이트를 이용하여 잡지를 구입하지 않더라도 볼 수 있어 광고효과는 더욱 높아진다.

② 신문광고

발행 부수가 예전보다는 적지만 많은 독자에게 전달된다. 그러나 신문 특성상 인쇄상태가 선명하지 못하므로 전체 브랜드 광고나 세일 일정, 특별 행사 등에 대한 광고가 많은 편이다.

▍잡지광고

▍신문광고

▍카탈로그

▍패션 사진

③ 카탈로그Catalog

책자형으로 제작되어 패션 업체들이 상품 정보나 콘셉트 이미지들을 알리는 수단으로 사용하는 광고로 많은 정보가 수록될 수 있고 여러 브랜드를 동시에 편집할 수도 있다. 인터넷이 활성화되기 전에는 중요한 광고 수단이었으나 온라인이 활성화되면서 약해졌다.

④ POPPoint of Purchase

패션 업체의 브랜드에서 그 시즌 가장 대표적인 상품을 촬영하여 이미지나 일러스트 형식으로 제작하여 주로 매장에서 신상품 이미지나 제품을 알리는 데 사용한다.

그 외 스폰서 쉽, 전단지, 직속 우편광고(DM), 브로슈어, 패션 사진, 고객들에게 제품의 체험을 제공하는 프로모션 등이 있다.

(2) 전파 매체

전파 매체는 점차 그 범위가 넓고 커지는 광고로 많이 활용되고 있다.

① TV 광고

전파 속도가 빠르고 빨리 불특정 다수에게 전달하는 파급효과가 크다. 그러나 짧은 시간 내에 효과를 봐야 하고 비용이 많이 들므로 신중하게 접근해야 한다.

② 인터넷, 모바일 광고

패션 업체의 온라인화, 온라인 쇼핑몰의 확장과 더불어 더욱 빠르고 급진적으로 커가는 광고로 시간과 장소에 구애받지 않고 이용자에게 접근이 쉽고 반복으로 노출되어 효과가 크므로 패션 업체들이 선호하는 광고 매체이다.

패션 업체의 웹사이트, 블로그, 인스타그램, 카카오톡, 페이스북 등의 SNS를 통한 바이럴viral 마케팅(누리꾼이 이메일이나 전파 가능한 매체를 통해 자발적으로 어떤 기업이나 기업의 제품을 홍보하기 위해 널리 퍼뜨리는 마케팅 기법) 광고 등이 활발하다.

③ PPL 광고Product placement Advertisement

대중이 즐기는 TV 드라마나 영화 속에서 내용상 자연스럽게 노출해 관객들에게 다가 가면서 상품에 대한 정보를 알리고 구매 의사 결정에 영향을 미치는 판매 촉진 형태이다. 최근에 노골적인 PPL로 집중력을 떨어뜨린다는 비판도 있지만 하나의 광고이며 드라마나 영화 제작 단계부터 기획하여 상품 노출 빈도를 조절하고 특별히 제작하는 경우도 있다.

(3) 기타 론칭 쇼와 행사

① 론칭 쇼launching show

브랜드를 새로 만들어 유통 관계자나 잠재 고객, 언론사 등을 대상으로 패션쇼 형식의 론칭 쇼를 함으로써 브랜드의 새로운 시작을 알리고 공식적으로 마켓에 새롭게 선보이는 광고 유형이다.

② 백화점을 포함한 유통 행사

백화점을 포함하여 대형 쇼핑몰 등의 행사는 매출 증대의 목적으로 유통사 주관 또는 패션 업체 주관으로 단기적으로 이루어지는 판매 촉진 활동이다. 행사의 유형도 점차 발전하고 다양화되는데 고객을 초대하여 특별 사은행사를 한다. 클리어런스 세일이라든가 특정 상품, 계절 변화, 오픈, 고별, 특별한 날, 고객 감사 행사 등을 하게 된다. 이때는 할인된 가격, 1+1, 한 묶음, 사은품, 상품권 증정, 카드 포인트 지급 등 다양한 혜택을 미끼로 진행된다.

그 외 설치 매체인 옥외광고, 전광판, 포스터, 대형 액자, 브로마이드, 교통수단을 이용한 광고 등이 있다.

▌ TV 광고 블랙야크

▌ 모바일 광고

▌ 인터넷 의류 광고

▌ 옥외광고

2) 광고를 통한 마케팅 역할

광고를 통한 마케팅 전략은 자사 상품을 다른 상품과 차별화시키고 더 매력적으로 보이게 하는 가장 효과적인 수단이다. 상품만 좋으면 팔린다는 말이 어느 정도 맞지만 현대에는 여기에 자사 상품의 편익을 많은 잠재고객에게 빠르게 알려야 하고 그들의 마음 속에 자리 잡도록 해야 한다.

변하지 않는 것은 상품의 가치를 공감할 수 있게 만드는 콘텐츠의 힘이라는 기저에 패션 업체는 자사의 브랜드에 어울리는 유형의 광고를 택하고 타 브랜드와의 차별성, 장점 등을 부각해 고객의 요구에 맞는 메시지를 광고에 담아내야 한다. 표적 고객에게 자사의 상품을 긍정적으로 인식시키고 판매를 증진할 수 있는 가장 효과적인 방법이다.

3) 시즌 광고 촬영

패션 업체는 브랜드 콘셉트와 시즌 디자인 기획에 맞는 광고 촬영 콘셉트를 전문 광고 대행사와 함께 광고 촬영을 하게 된다. 그 시즌에 생산되는 신상품 중에서 대표적인 스타일을 선택하거나 필요하면 제작을 하기도 한다. 광고는 예산에 따라 진행되므로 광고 전문 대행업체에 의뢰하고 주도적으로 진행한다. 이는 전문 대행업체가 아트 디렉터, 사진작가, 스타일리스트, 메이크업 아티스트 등 광고 관련된 제반 업무를 효과적으로 처리할 수 있는 전문가들과 연결되어 전문적으로 일을 처리할 수 있기 때문이다.

2 / 광고 콘셉트 시각화

1) 광고 콘셉트 시각화

콘셉트의 어원은 '모두가 공감하는 것을 잡다. 혹은 취하다'라는 뜻으로 사전적 의미는 어떤 작품이나 제품, 공연, 행사 따위에서 드러내려고 하는 주된 생각을 뜻하며 일반적으로 개념으로 직역한다. 그러므로 콘셉트는 말로 하기 어려워 시각적 자료를 써서 직접 만들고 논의하면서 구체화한다. 광고 촬영 콘셉트로 제안할 잡지 화보나 이미지들을 수집하여 브랜드가 제안하는 콘셉트에 맞는 콘티를 짜고 적절한 이미지가 없으면 그려서 콘티를 만든다.

(1) 광고 촬영 콘셉트 맵

- 광고 촬영의 콘셉트를 찾기 위해 사회적 이슈와 트렌드를 여러 매체를 통해 조사하여 키워드나 트렌드 용어를 찾는다. 예를 들어 '미니멀리즘'이라는 콘셉트에 도달했다면 그에 대한 설명과 콘셉트 단어 '(가칭) 유러피안 미니멀리즘'에 대해 해석한다. 광고주를 위한 커뮤니케이션 맵에는 키워드와 비주얼로 콘셉트 메시지를 전달한다.

- 크리에이티브 콘셉트 맵 : 전체적인 톤이나 무드 등 커뮤니케이션 콘셉트를 시안 작업 전 시각화하여 보여준다.

- 시안에 필요한 자료를 수집하고 다듬어 섬네일Thumbnail(그래픽 파일의 이미지를 소형화 한 것)을 통해 러프 시안을 만든다. 이 시안을 다듬어 타이포, 비주얼 등으로 레이아웃을 잡은 후 시안 작업을 시작한다.

- 시안이 결정되면 촬영제품을 관련 부서들과의 회의를 통해 광고용 메인제품을 선택한다. 그리고 스탭을 결정하여 모델, 사진작가, 헤어 & 메이크업 아티스트, 스타일리스트 등을 결정한다.

- 스탭 회의를 통해 준비상황과 문제점을 파악하고 수정 보완 후 장소 등을 정한다. 장소는 예산이나 콘셉트에 따른다.

- 광고 촬영 콘티 구성은 실제 상품과 시안으로 촬영 콘티를 만든다. 브랜드 이미지, 시즌 디자인 기획, 테마에 맞는 색상의 조화, 소품 준비, 촬영 구도, 모델 포즈와 이미지, 헤어와 메이크업의 이미지 등 구상, 무대 배경과 조명, 매체에 따른 트리밍 구도, 메인 비주얼을 결정하고 촬영에 들어간다. 이 과정을 광고 전문 대행업체는 광고 계획을 수립한 후 실제로 옮기기 전에 사전 미팅(Pre-Production Meeting)을 통해 논의하고 진행하게 된다.

(2) 스타일 컷

실제의 광고 컷처럼 촬영 콘셉트를 시각화할 수 있도록 다른 업체의 광고 이미지나 패션 전문지의 화보 또는 작가의 사진 등을 활용하여 여러 방법으로 촬영 콘셉트에 맞는 유사 이미지를 콘셉트나 테마별로 보드에 표현하는 시각 자료를 말한다.

▌광고 촬영 준비 컷
St. a 2011/SS

▌실제 광고
St. a 2011/SS

2) 광고 촬영 제품

가장 좋은 방법은 생산된 상품으로 광고 촬영을 하는 것이나 모델의 사이즈가 일반 제품으로 커버가 안 되거나 촬영 시점상 완성된 상품이 나오지 않을 경우 광고 촬영 제품을 다시 만든다. 또는 브랜드의 이미지나 상품의 특성을 잘 표현하기 위해 과장된 표현을 한다거나 특별한 소재나 컬러를 사용할 경우에 별도 제작을 한다.

부록

패션 관련 용어
필기 시험 문제

패션 관련 용어

3D 프린트 패션 3D print fashion   3D 프린트의 원리는 평면인 2차원 프린트 층을 겹겹이 쌓아 입체적인 3차원으로 표현하는 것이다. 고체와 액체 재료를 모두 사용할 수 있고, 전통적인 직조 방식에서는 불가능한 니트 스웨터와 티셔츠, 재킷의 결합 등이 가능하다. 가능성이 무한하고 시간과 노력, 경비를 절약할 수 있어 최근 새로운 의류 제작 방식으로 떠오르고 있다. 3D 프린트 의상을 꾸준히 선보이고 있는 대표적인 디자이너로는 이리스 반 헤르펜이 있다. 그러나 아직은 색상과 원료가 제한적이고 프린터가 비싼 게 단점이다.

긱 시크 geek chic   '긱'이란 괴짜, 혹은 비주류 사람들을 이르는 말로, 특정 취미나 주제에 대한 전문가나 팬 수준의 지식을 쌓는 데 집착하는 마니아들을 일컫는 경멸적 표현이었다. 2000년대 중반 젊은이들 사이에 이들의 정형화된 모습(뿔테 안경, 서스펜더, 치아 교정기, 허리춤을 배까지 끌어 올린 짧막한 팬츠 등등)이 유행하면서 하나의 스타일로 자리 잡았다. 주류에 반하는 비주류적 패션이라는 점에서 힙스터hipster와 유사한 면이 있다. 요즘에는 상징적으로 두꺼운 뿔테 안경을 쓰는 것을 '긱 시크'라고도 부른다.

너드 시크 nerd chic   어수룩하면서도 복고적인 스타일로 재능이 뛰어나지만 의복에는 그다지

신경을 쓰지 않는 부류들의 스타일이다. 2016년 새롭게 재조명되어 런웨이와 스트리트를 주도하며 검정 터틀넥이나 청바지, 스니커즈, 베레모, 뿔테 안경, 후줄근한 체크 셔츠, 후드 티, 코듀로이, 면바지 등에 최신식 전자기기 등 특정 활동에 열정을 쏟는 이들의 복장이 세련되어 보이는 트렌드 용어이다. 스쿨 룩과는 겹치는 부분이 있지만 조금 다르다.

너클 링 knuckle ring   손가락 마디마디에 끼는 반지의 정식 명칭으로 너클 링은 르네상스 시대 상류층 여성들 사이에 '일할 필요 없는 사회적 지위'를 드러내는 액세서리로 처음 등장했다. 당시에도 현재와 같이 손가락 마디마다 가느다란 반지를 겹쳐 꼈다. 최근 네일 아트가 인기를 누리며 손을 장식하는 것에 대한 관심이 고조되면서 재등장했다.

놈 코어 normcore   2014년 상반기의 패션 용어로 '튀기보다 사람들 사이에 묻히는 평범함'을 의도한 옷 입기 방식으로 남과 차별화된 멋 내기에 대한 반작용으로 부상했다. 화려하고 패셔너블한 스트리트 패션과 달리 패션에 무관심한 사람들의 차림에서 영감을 얻은 놈 코어는 평범하다. 대표적으로 플리스 집 업, 스포츠 양말, 슬리퍼, 청재킷, 맘 진 등이 있다.

라인 line   일반적으로 선을 말하지만 패션 디자인에서 사용되는 라인은 주로 실루엣을 가리키고 패션 비즈니스에서 말하는 라인은 어패럴 메이커가 한 시즌에 발표한 일련의 작품군, 컬렉션에서의 샘플군, 또는 단순히 컬렉션과 같은 뜻을 갖는다. 또 상품 라인을 지칭하는 경우도 있다.

룩 look   룩은 대체로 용모, 모양, 외관을 뜻하지만 복식 용어로는 이와 비슷한 용어인 스타일과 달리 의상의 전체적인 인상을 포착하는 경우에 사용된다. 일반적으로 실루엣이 패션 포인트로 되어있는 경우는 실루엣이라든가 라인으로 부르는 것이 보통이다. 새로운 실루엣도 때로는 뉴 룩이 될 수 있다. 그러나 룩이라고 부를 때는 대개 소재, 컬러, 문양, 디테일 등 겉으로 드러나는 디자인 특징이 반드시 있어야 한다.

래시가드 rash guard   스판덱스와 나일론 또는 폴리에스터 소재의 타이트한 긴소매, 혹은 반소매 티셔츠 형태의 수중용 상의. 긁혀서 생기는 상처나 발진(rash)을 예방한다는 의미로 이름 붙여졌다. 스쿠버다이빙, 스노클링 같은 수중 스포츠를 즐길 때 애용되며 서퍼들이 즐겨 입는다. 최근 서핑이 인기를 얻으며 래시가드가 수영복으로도 인기를 끌고 있으며 자외선 차단 기능도 있고 일반 수영복보다 물 안팎에서 실용적이다.

모드 mode 라틴어의 모두스modus에서 유래된 용어로 '양식', '하는 방법', '형식' 등의 의미로 패션과 거의 같은 뜻으로 사용된다.

브라렛 brelet 브래지어의 브라와 작다는 의미를 지닌 'let'이 함께한 브라렛은 와이어 없이 편하게 입을 수 있는 언더웨어를 가리킨다. 이제는 그 경계를 넘어 브래지어와 흡사한 톱부터 스트랩이 달린 짧은 코르셋 스타일의 톱까지 아우르는 단어로 통용되고 있다.

숄더 로빙 shoulder robbing 코트를 어깨에 걸친다는 의미로 재킷이나 점퍼도 어깨에 걸치는 추세이다. 어깨 품이나 소매길이가 한 치수 큰 거로 선택하는 것이 보기 좋다.

슈피 shoefie '셀피', '벨피', '렐피'에 이은 '슈피'는 말 그대로 자신의 발을 찍는 것으로 대부분 자신이 신고 있는 신을 자랑하기 위한 목적이다. 함께 있는 사람과 마주 서거나 동그랗게 둘러서서 동반 슈피shoefie를 찍기도 하는데, 흔히 신 디자인이 비슷하거나 어울려 보일 때 함께 찍는 경우가 많다.

스웩 swag 'swagger'의 줄임말로, 스웨거는 '몹시 으스대거나 젠체하는 걸음걸이나 태도'라는 뜻이다. 댄서들이 리듬감 있게 춤을 출 때 칭찬의 의미로도 쓰인다. 힙합 뮤지션들이 SNS에 swag를 사용하면서 널리 퍼졌다. 감탄할 만한 태도나 쿨한 인물을 칭찬하는 의도로 다방면으로 적용되는 분위기다. 패션에서는 스트리트 웨어 풍으로 꾸민 옷차림이 멋있을 때 칭찬의 의미로 사용한다.

실루엣 silhouette 의복의 외형선을 말하며 보통 윤곽선을 가리킨다. 실루엣은 의복 스타일과 옷감에 의하여 결정되고 칼라, 어깨라인, 소매, 길, 허리라인, 하의 형태에 따라 달라진다.

어패럴 apparel 속옷류부터 아우터까지 남성복, 여성복, 영 캐주얼, 아동복 등 모든 범위의 의복을 총칭한다.

오트쿠튀르 haute couture 세계 최고의 맞춤복으로 '쿠튀르'란 용어는 훌륭한 바느질, 또는 파리의 드레스 메이킹 하우스를 의미하며 쿠튀리에가 이끈다. 쿠튀리에의 회원 자격은 매우 엄격하며 디자인에 대한 법적 보호를 받고 있다. 초고가에 극소수의 고객으로 적자를 면치 못하고 있으며 이들은 기성복 생산과 라이선스 비즈니스를 함으로써 명맥을 유지하고 있다.

욜로 YOLO, You Only Live Once   '인생은 한 번뿐이다'라는 뜻으로 앞 글자를 따서 만들어진 새로운 트렌드 용어로 현재 자신의 행복을 가장 중시하고 소비하는 태도를 말한다.

애슬레저 athleisure   운동과 레저의 합성어로 편안하면서 실용성을 갖춘 스타일리시 룩이다.

케이패션 K-fashion   해외에서 한국 대중음악을 케이팝이라고 지칭하듯 한국 젊은 여자들 특유의 스타일을 케이패션이라고 부른다. '소녀다운 캐주얼 룩' 정도로 설명할 수도 있다

테마 theme   창작이나 논의의 중심이 되는 주제로, 패션디자인 테마는 패션에 영향을 미치는여러 가지 요인을 중심으로 패션 경향을 몇 개의 주제로 분류하여 패션의 흐름을 분석하는 것이다.

트롱프뢰이유 trompe-l'oeil   실물 같은 착각을 일으킬 정도로 정밀하고 생생하게 묘사한 그림으로 패션에서는 실제로는 없지만 있는 것처럼 표현하는 속임수 기법이다. 속인다는 유머러스함을 내포하고 있다.

트렌드 trend   조류라든가 경향이란 뜻으로 한 기간의 전반적인 패션 동향, 경향을 의미한다. 유행이란 의미와 거의 동일하게 사용한다.

패드 fad   일시적이고 빠르게 변화하는 유행으로 극히 짧은 기간의 패션을 말하며 극단적으로 유행하고, 짧은 기간 지속하였다가 빨리 사라지는 유행이다.

패션 fashion   원래의 의미는 '유행'이나 '유행의 스타일'을 이르는 용어로 사람들의 집단 속에서 행해지는 의상에 대한 습관 또는 스타일을 말한다.

패스트 패션 fast fashion   빠르게 생산하고 가격이 비싸지 않으며 상품회전이 빠른 패션으로 대중적이다. 유명 패션 디자이너와의 협업도 증가하는 추세다. 그러나 환경오염, 저임금, 창작물을 도용하는 것이 문제가 되고 있다.

프레타 포르테 pret a porte   프랑스의 기성복을 말하며 일 년에 두 번 전시회 형태로 개최되며 고급 기성복을 선보이는 프레타포르테 파리컬렉션은 여러 장소에서 시간 차이를 두고 일 년에 2회 이상 패션쇼로 열린다.

플랫 레이 flat lay   한때 패션 매거진에서 애용하던 아이템 레이아웃 방식으로 통일감 있는 여러

아이템을 바닥에 깔끔하게 배치해 진열하는 것을 말한다. 촬영 방법의 하나로 컬러나 테마에 맞춰 의복, 하이힐, 선글라스, 향수병, 책, 목걸이 등 서로 어울릴 만한 것들을 늘어놓고 촬영하는 기법이다.

힙스터 hipster　'주류를 거부하고 자신들만의 고유한 패션과 음악, 문화 등 비주류를 추구하는 사람'들을 힙스터로 일컫는다. 어원은 아편을 뜻하는 속어 홉hop에서 진화한 힙hip에서 유래했다는 설과 '최신 정보에 밝은 혹은 내막을 잘 아는'이라는 뜻의 헵hep에서 유래했다는 설 등이 있다. 한때는 1940년대 미국의 재즈광들을 지칭하는 속어로 쓰였으며 1990년대 이후 오늘날과 같은 의미를 갖게 되었다.

부록

필기
시험 문제

패션 트렌드 분석

1 1950년대 영화산업의 영향으로 많은 패션 리더들이 등장하고 유행 스타일을 만들어냈다.
   대중 스타들에게 영향을 준 영화 속 패션 리더와 유행 스타일이 알맞게 짝지어진 것은?

   ① 로마의 휴일 – 오드리 헵번 – 홀터 넥 원피스
   ② 사브리나 – 오드리 헵번 – 맘보바지
   ③ 모정 – 마릴린 먼로 – 차이니즈 스타일
   ④ 자이언트 – 제임스 딘 – 히피 스타일

2 다음 설명이 뜻하는 패션 용어는?

   > 보편화하기 이전 상태의 첨단적인 유행, 디자이너가 발표한 창작 디자인 혹은 독점 디자
   > 인을 말하며, 그중에서도 제한된 수의 패션 선도자들에 의해 채택되어 유행 단계상 초기
   > 단계에 있는 상태를 말한다.

   ① 오트쿠튀르   ② 하이패션
   ③ 클래식   ④ 보그

3 시대별 여성복 실루엣에서 웨이스트 라인의 변화 위치를 바르게 연결한 것은?

① 1910년대 : 로우 웨이스트 실루엣

② 1920년대 : 하이 웨이스트 실루엣

③ 1930년대 : 아워글라스 웨이스트 실루엣

④ 1940년대 : 스트레이트 웨이스트 실루엣

4 정크아트(Junk Art)와 관련된 디자인의 설명으로 알맞은 것은?

① 긁힘과 낙서를 이용한 디자인

② 가짜, 혹은 저속한 것을 이용한 디자인

③ 폐품이나 잡동사니를 이용한 디자인

④ 대중성을 무시한 실험적 디자인

5 팝아트적 패션 디자인의 특징으로 알맞은 것은?

① 실크스크린에 의한 프린트 기법의 이용

② 눈의 착각을 이용한 입체적 조형미의 연출

③ 산만하고 저속한 모습의 싸구려 액세서리의 이용

④ 지처 체인을 이용한 메칼릭한 장식 기법

6 히피 스타일에 의한 영향이 아닌 것은?

① 사이키델릭 스타일의 전개

② 유니섹스 모드의 시작

③ 레이어드 룩의 창조

④ 장식용 지퍼의 출현

7 펑크패션의 스타일로 알맞은 것은?

① 검은색 옷과 끝이 뾰족한 화려한 헤어스타일

② 무릎 밑으로 플레어가 진 넓은 벨 보텀 진(bell bottom jean) 스타일

③ 밝은색 티셔츠와 블루종 재킷 스타일

④ 벨베틴과 벨로아 소재의 꽃무늬 셔츠 스타일

8 니트의 여왕이라고 불리며 실용적이고 관습에 얽매이지 않은 자유로운 감성을 표현한 패션 디자이너는?

① 소니아 리키엘   ② 잔드라 로스

③ 도나 카란   ④ 메리 퀸트

9 1990년대 발표된 네오 히피룩은 60년대의 히피보다 여성적인 우아함을 더하여 날씬하고 여유 있는 실루엣과 패치워크나 올 풀림의 디테일로 리드미컬한 느낌을 주었다. '94년 컬렉션에서 네오 히피룩을 발표한 대표적인 디자이너는?

① 조지 아르마니   ② 칼 라거펠트

③ 콤므 드 갸르송   ④ 캘빈 클라인

10 세계 4대 패션 컬렉션에 해당하지 않는 것은?

① 뉴욕 컬렉션   ② 도쿄 컬렉션

③ 파리 컬렉션   ④ 밀라노 컬렉션

11 팝아트와 옵아트의 영향을 받은 패션 스타일이 유행한 시대는?

① 1950년대   ② 1960년대

③ 1970년대   ④ 1980년대

12 1980년대 뉴웨이브 패션에서 나타난 성향이 아닌 것은?

① 로맨틱

② 앤드로지너스

③ 펑크

④ 아방가르드

13 20세기 초 니트 재킷, 누빈 코트, 주름치마, 저지 드레스 등 실용적인 스타일을 발표하여 여성복의 현대화에 가장 많은 영향을 끼친 디자이너는?

① 크리스토발 발렌시아가

② 가브리엘 샤넬

③ 크리스챤 디오르

④ 이브 생 로랑

14 고상하고 품위 있는 패션의 반대 개념으로 지나치게 산만한 싸구려 장식을 통해 통속적이고 해학적으로 일부러 저속한 표현함으로써 물질적 풍요로움과 권태를 느끼는 젊은이들의 패션에 신선한 즐거움을 선사하는 지속적이고 추한 이미지의 패션 스타일은?

① 펑크 룩   ② 키치 룩
③ 그래픽 룩   ④ 콜라주 룩

15 다음은 무엇을 설명하고 있는가?

> 여학생처럼 신선하고 귀여운 이미지를 느끼게 하는 스타일로 전통적인 체크무늬를 사용하여 만든 플리츠스커트와 카디건을 조화시켜 연출하는 스타일링을 말한다.

① 후드럼 룩   ② 프레피 룩
③ 스쿨걸 룩   ④ 하이디 룩

16 1970년~1980년대 미국 흑인 사회를 중심으로 발생한 하위문화로써 브레이크 댄스, 그래피티 아트, 랩 문화와 더불어 블랙 르네상스를 이루는 스트리트 패션의 한 종류는?

① 루드 보이   ② 힙합
③ 주트   ④ 루키즘

17 1960년대 모델 트위기가 유행시킨 스타일이 아닌 것은?

① 짧은 단발머리   ② 가냘픈 몸매
③ 미니스커트   ④ 비키니 수영복

18 옵아트에 대한 설명 중 바르지 않은 것은?

① 팝아트의 상업주의와 지나친 상징성에 대해 반동으로 태어났다.
② 선명하고 강한 대비에 따른 배색이 주를 이룬다.
③ 옵아트의 대표 디자이너는 베르사체이다.
④ 인체의 움직임에 따라 시각적인 효과를 내는 직물의 무늬가 많이 사용된다.

19 펑크(punk)에 대한 설명으로 바르지 못한 것은?

① 일방적이고 사람들에게 불쾌감을 주는 공격적인 패션이다.
② 스파이크 헤어스타일이나 모히칸 헤어스타일의 머리를 핑크나 그린 색으로 염색

하고 기분 나쁜 메이크업을 한다.

③ 대표적인 디자이너로는 잔드라 로즈와 비비안 웨스트우드가 있다.

④ 대중성을 무시한 실험적 요소가 강한 디자인과 유행에 앞선 독창적이고 기묘한 디자인으로 전개되며 때로는 전위적이고 실험성이 강한 것이 특징이다.

20 스트리트 패션의 종류에 대한 설명으로 맞는 것은?

① 1930년대 후반 미국 할렘에서 시작되어 흑인과 멕시코계 미국 젊은이들이 즐겨 입었던 장식적이면서도 과시적인 복식은 주티(zooty)이다.

② 지성적 느낌을 강조하므로 자신들의 정체감을 나타낸 것은 모즈(mods)이다.

③ 화려한 의상과 진한 의상의 데이비드 보위가 등장하여 히피(hippy)를 탄생시켰다.

④ 흑인 음악에 대한 완곡한 표현인 소울(soul)이라 불리는 음악에서 탄생한 것은 루드 보이(rudy boy)이다.

21 다음 중 1960년대에 일어난 패션 경향이 아닌 것은?

① 젊은이들의 시기로 영패션의 시대

② 비틀즈는 젊은이의 문화로 확산시키는 계기가 되었다.

③ 윗몸과 소매의 볼륨을 강조하고 전체적으로 여성스러운 버티컬 라인을 발표하였다.

④ 우주탐사에 대한 관심으로 나타난 우주패션은 새로운 경향으로 등장하였다.

22 20세기 초, 미술과 공예 간의 평형 상태를 복원하려는 목적으로 역사주의의 반복이나 모방을 거부하고 비대칭의 균형을 추구하며, 자연 속의 유기적인 모티브를 이용하여 율동적인 섬세함과 유기적 곡선의 장식 패턴을 추구한 미술 양식과 패션 스타일이 잘 짝지어진 것은?

① 자연주의 – 히피 스타일

② 미래주의 – 스페이스에이지 스타일

③ 아르데코 – 미나렛 스타일

④ 아르누보 – S 커브 스타일

23 팝아트적 패션 디자인의 특징으로 알맞은 것은?

① 실크스크린에 의한 프린트 기법의 이용

② 눈의 착각을 이용한 입체적 조형미의 연출

③ 산만하고 저속한 모습의 싸구려 액세서리의 이용

④ 지퍼, 체인을 이용한 메탈릭한 장식 기법

24 20세기 이후 다양한 전통적 장르의 혼합 또는 붕괴로 시도되었으며, 다원성의 경향이 강해지면서 다른 문화에 관심을 가지는 '탈중심화' 현상으로 내부로부터의 해체를 통한 다양성을 추구하거나 불연속성에 의한 스타일의 혼합으로 표현되는 패션 현상을 무엇이라고 하는가?

① 혼성모방 현상   ② 하이브리드 현상

③ 하이테크 현상   ④ 퓨전 현상

25 1940년대 영국 무역 청에서 발표한 유틸리티 크로스(Utility Cloth) 규정에 의해 만들어진 간단복이 패션에 미친 영향이 아닌 것은 무엇인가?

① 여성복 스타일의 발전에 기여했다.

② 의복 스타일이 반강제로 단순화, 축소화의 과정을 겪게 되었다.

③ 옷감을 절약할 수 있게 하였다.

④ 한동안 유행이 침체하게 하였다.

26 1970년대 패션 현상이 아닌 것은?

① 젊음을 상징하는 청바지 패션 유행

② 유니섹스 의상의 정착

③ 앙드레 쿠레주의 미니 드레스

④ 비비안 웨스트우드의 펑크패션

27 생활 수준이 향상된 1980년대에 등장하였으며, 유명 디자이너나 유명 브랜드를 선호하며 화려하고 여유 있는 모습의 새로운 라이프스타일을 영위하는 부류를 무엇이라고 하는가?

① X세대   ② 여피(Yuppie)족

③ 딩크(DINK)족   ④ N세대

28 몬드리안의 구성주의를 디자인에 응용해서 수평선과 수직선만을 사용하고 면을 분할한 기하학적 구성과 삼원색과 무채색만을 사용한 색채배합으로 몬드리안 룩을 발표한 디자이너는?

① 가브리엘 샤넬   ② 메리 퀸트   ③ 피에르 가르뎅   ④ 이브 생 로랑

29 빈티지 패션의 스타일로 알맞지 않은 것은?

① 자연스럽게 긴 헤어스타일

② 깔끔하지 않은 벨 보텀 진(bell bottom jean) 스타일

③ 햇볕에 바랜듯한 낡은 티셔츠 스타일

④ 베이직 화이트 셔츠와 바이커 재킷 스타일

30 21세기, 환경과 건강을 중시하는 생활 풍조가 부상함에 따라 재활용, 또는 빈티지 소재가 패션의 소재로 등장하게 된 배경으로 정신과 육체가 조화를 이룬 삶, 자연 친화적이고 여유 있는 삶을 추구하는 새로운 소비자 라이프스타일을 무엇이라고 하는가?

① 젠 라이프스타일　　　　　　② 에콜로지 라이프스타일

③ 킨 포크 라이프스타일　　　　④ 내추럴 라이프스타일

┃ 정답

1	2	3	4	5	6	7	8	9	10	11	12	13	14	15
②	②	③	③	①	④	①	①	②	②	②	①	②	②	③

16	17	18	19	20	21	22	23	24	25	26	27	28	29	30
②	④	②	④	①	③	④	①	②	①	③	②	④	④	③

1   패션 디자인의 개념에 대한 설명 중 잘못된 것은?

　① 패션 디자인은 인체를 아름답게 보이기 위한 목적을 지닌다.

　② 패션 디자인의 시대별 미의 기준은 변하지 않는다.

　③ 패션 디자인은 미적인 측면과 기능적 측면을 동시에 만족시켜야 한다.

　④ 패션 디자인은 인간과 물체와의 관계를 중심으로 한 제품 디자인 계열에 속한다.

2   비례의 원리를 의복 디자인에 적용하는 데 중요하게 고려할 필요가 없는 것은?

　① 비례의 원리는 기본 개념을 중요시하되 숫자에 얽매이지 말아야 한다.

　② 신체가 갖는 자연의 비례가 먼저 존중되어야 한다.

　③ 이상적인 황금분할을 엄격히 지켜야 한다.

　④ 현재의 패션 경향과 유행의 영향을 고려하여야 한다.

3   두꺼운 소재 의상에서 효과가 좋지 않아 피해야 하는 트리밍 장식은?

　① 브레이드(braid)　　　　　　　② 비드(bead)

　③ 셔링(shirring)　　　　　　　　④ 리본(ribbon)

4   아르누보 시대 S 커버 실루엣을 만드는 방법으로 사용되었으며 몇 장의 삼각형을 천 또는
　조각으로 이어서 만들어줘 허리부터 힙까지는 피트 시키고 밑단으로 갈수록 넓어지는 형태
　의 스커트는?

　① 고어 스커트　　　　　　　　　② 티어드 스커트

　③ 페그 탑 스커트　　　　　　　　④ 하렘 스커트

5   다음 중 재킷의 유래가 되는 아이템이 아닌 것은?

　① 르네상스 시대 : 더블린

　② 중세 : 코트아르디

　③ 근대 : 카르마뇰

　④ 고대 : 블리오

6 오른쪽 그림과 같이 토글이라는 독특한 단추 여밈에 후드가 달린 엉덩이를 덮
   는 길이의 코트의 종류는?

   ① 토퍼 코트   ② 피코트
   ③ 더플코트   ④ 랩코트

7 스코틀랜드 서부 연안에서 만들어진 것으로 영국의 전통적인 무늬로 알려진
   3가지 배색의 다이아몬드 모양으로 짜인 무늬로 된 스웨터의 명칭은?
   ① 카디건 스웨터   ② 피셔 맨 스웨터
   ③ 아가일 스웨터   ④ 페어아일 스웨터

8 다음 중 액세서리의 기능에 관한 내용으로 바람직하지 못한 내용은?
   ① 액세서리의 코디는 의복의 모습을 독특하고 베이직하게 만들어준다.
   ② 액세서리는 의복에 흥미를 더해주고 다양하고 개성적으로 보이게 해준다.
   ③ 액세서리는 시선을 유도하므로, 주된 부분은 강조하고 감추고 싶은 부분에서 시
      선을 떨어지게 작용한다.
   ④ 액세서리는 값싼 의상을 고급스럽게 보이게도 하지만 좋은 옷을 평가절하하기도
      한다.

9 다음 중 벌커 실루엣에 속하지 않는 것은?
   ① 코쿤(cocoon) 실루엣   ② 에그(egg) 실루엣
   ③ 피티드(fitted) 실루엣   ④ 오벌(over) 실루엣

10 발상은 일련의 연속적인 사고 과정이다. 다음 중 그 과정이 옳은 것은?
   ① 아이디어 → 영감 → 발상 → 구체화
   ② 발상 → 영감 → 아이디어 → 구체화
   ③ 영감 → 아이디어 → 발상 → 구체화
   ④ 영감 → 발상 → 아이디어 → 구체화

11 블라우스의 명칭과 설명이 바르게 연결된 것은?
   ① 깁슨 웨이스트 블라우스 – 하이 넥 칼라와 양다리 모양의 소매

② 자보 블라우스 – 나비 모양의 리본 장식

③ 새시 블라우스 – 소매 없는 조끼형

④ 세일러 블라우스 – 스탠드 업 칼라와 자수 장식

12 거친 방모직물의 멜톤(Melton)을 소재로 만들어진 군용 코트로 후드가 달리고 토글로 여미는 형태이며 1950년대에 스포츠 코트로 소개되었다. 현대에는 클래식한 스타일의 하나로 남녀학생들에게 애용되는 코트의 종류는?

① 트렌치코트　　　　　　　　② 더플코트

③ 세일러 코트　　　　　　　　④ 코트

13 다음 팬츠 중 길이가 가장 긴 것은?

① 버뮤다 팬츠　　　　　　　　② 자메이카 팬츠

③ 페달 푸셔 팬츠　　　　　　　④ 카브라 팬츠

14 다음 제시된 스커트 중 서로 연관이 없는 다른 디자인의 스커트는?

① 드레이프 스커트　　　　　　② 디바이드 스커트

③ 뀔로뜨 스커트　　　　　　　④ 스플릿 스커트

15 드레스 셔츠에 대한 설명으로 옳은 것은?

① 스탠드칼라와 어깨 견장이 달린 카키색 군복 형태의 셔츠

② 정장 슈트나 턱시도 속에 받쳐 입는 예장용 셔츠

③ 풀오버 형태의 셔츠

④ 단색의 옥스퍼드 혹은 체크 깅엄으로 만든 버튼다운 셔츠

16 다음 중 여성스러운 느낌의 디테일 장식이 아닌 것은?

① 프릴(frill)　　　　　　　　② 탭(tab)

③ 러플(ruffle)　　　　　　　④ 보우(bow)

17 다음 중 디자인의 필요조건끼리 짝지어진 것은?

① 합목적성, 심미성　　　　　　② 심미성, 모방성

③ 경제성, 추상성　　　　　　　④ 모방성, 경제성

18 실루엣의 종류를 설명한 것 중 바르지 못한 것은?

① 허리를 조이지 않는 실루엣의 총칭이며, 장방형의 여유 있는 형태로 가늘고 길게 보이는 실루엣은 H 실루엣이다.

② 사다리꼴의 의미로, 좁은 어깨에서 밑단까지 플레어지게 벌어지는 형태의 실루엣은 투블러 실루엣이다.

③ 허리 절개선이 없고 인체에 살짝 밀착되며 밑단이 벌어진 형태의 실루엣은 시프트 실루엣이다.

④ 가슴 바로 밑 하이웨이스트의 위치에서 가볍게 조였다가 밑단까지 좁고 길게 늘어진 형태의 실루엣은 엠파이어 실루엣이다.

19 트리밍에 대한 설명으로 바르지 않은 것은?

① 의복 디자인을 정리할 때 쓰이는 끝처리, 즉 가장자리 장식의 총칭이다.

② 여러 가지 부가적 아이디어를 첨가하여 디자인 장식의 장식 효과를 높이는 것이다.

③ 별도로 제작된 장식적 부자재를 사용하지 않는다.

④ 트리밍을 사용할 때에는 전체적인 실루엣 및 디테일과 조화롭게 어울리도록 디자인돼야 한다.

20 디자인의 의미에 대한 설명 중 맞는 것은?

① 디자인은 일상생활과는 구별되는 창조 활동이다.

② 디자인은 목적에 따른 기능성이 있는 아름다움의 미적 표현이다.

③ 디자인은 언어적 기능을 가지지 않는다.

④ 디자인은 반드시 조형물로 나타날 때 비로소 완성된다.

21 디자인은 새로운 생활환경을 창조하는 일련의 조형행위이다. 다음 중 보기에서 제시한 디자인 발상 방법 중 바르지 못한 것은?

① 디자인의 과정은 객관적이고 합리적인 방법에서 체계적으로 이루어져야 한다.

② 시대의 미의 가치와 유행 경향을 고려하여 디자인을 창출해야 한다.

③ 사용자의 욕구 충족을 목적으로 하므로 만족스러운 결과를 위해 과정은 상관없다.

④ 추상적인 사고에서 이성적, 합리적 분석을 통해 구체화를 이루는 것이 안전하다.

22 곡선은 자유롭고 신축적이고 수동적이며 연속적인 느낌을 준다. 다음 중 그 종류와 느낌, 복식에서의 응용 사례가 잘못 연결된 것은?

① 원 – 명랑, 온화, 귀여운 느낌 – 라운드 넥, 단추, 암홀, 둥근 주머니

② 파상선 – 율동적, 섬세함, 온유한 느낌 – 플레어의 결, 러플, 프릴

③ 로코코 곡선 – 명랑, 귀여운, 활동적 느낌 – 옷자락의 끝장식, 네크라인, 단춧구멍

④ 나선 – 여성적, 따뜻하고 부드러운 느낌 – 보트 넥, 요크

23 다음 복식의 실루엣 중 허리 부분에 가장 여유가 많은 실루엣은?

① 엠파이어(empire) 실루엣

② 스트레이트(straight) 실루엣

③ 배럴(barrel) 실루엣

④ 트라이앵글(trimming) 실루엣

24 트리밍(trimming) 종류에 속하지 않는 것은?

① 단추, 지퍼   ② 드레이프

③ 스팽글, 비즈   ④ 스티치

25 장식적인 디테일에 속하지 않는 것은?

① 플리츠(pleats)   ② 프릴(frill)

③ 드레이프(drape)   ④ 네크라인(neckline)

26 다음 중 허리에 두르는 형식의 스커트가 아닌 것은?

① 샤롱 스커트   ② 랩 스커트

③ 럼퍼 스커트   ④ 킬트 스커트

27 균형은 하나의 축을 중심으로 시각적으로 같은 무게를 갖는 것을 말한다. 시각적 무게에 변화를 줄 수 있는 요인에 대한 설명 중 옳지 않은 것은?

① 평범한 선이나 형보다는 특이한 선이나 형이 시각적 무게가 크다.

② 색채에서 배경과의 대비 정도가 크면 시각적 무게가 커진다.

③ 저명도 보다 고명도가 시각적 무게가 크다.

④ 광택 재질의 옷감이나 거친 재질의 옷감은 시각적 무게가 작다.

28 다음 블라우스의 명칭과 설명이 바르게 연결된 것은?

① 깁슨 웨이스트 블라우스 – 하이 넥 칼라와 양다리 모양의 소매

② 자보 블라우스 – 나비 모양의 리본 장식

③ 새시 블라우스 – 소매 없는 조끼형

④ 세일러 블라우스 – 하이 넥과 자수 장식

29 다음 중 실루엣을 통해 알 수 없는 것은?

① 스커트의 길이   ② 칼라의 형태

③ 허리의 여유분   ④ 소매의 형태

30 1970년대에 유행하였고 무릎에서 바지 밑단까지 종 모양으로 넓어지는 스타일로 해병들이 즐겨 입은 스타일에서 유래되어 '세일러 팬츠'라고도 알려진 팬츠의 종류는?

① 벨 보텀 팬츠   ② 조드퍼즈 팬츠

③ 배기팬츠   ④ 팔라초 팬츠

▎정답

1	2	3	4	5	6	7	8	9	10	11	12	13	14	15
②	③	③	①	④	③	③	①	③	④	①	②	④	①	②
16	17	18	19	20	21	22	23	24	25	26	27	28	29	30
②	①	②	③	②	③	④	③	②	④	③	④	①	②	①

1 색채 대비에 대한 설명 중 틀린 것은?

① 색상대비는 1차 색 끼리 잘 일어나며 2, 3차색이 될수록 그 대비 효과는 크게 나타난다.

② 명도 대비는 명도의 차이가 클수록 더욱 뚜렷이 나타나며, 무채색의 경우 이러한 현상이 더욱 두드러지게 나타난다.

③ 채도 대비는 유채색과 무채색 사이에서 더욱 뚜렷하게 느낄 수 있다.

④ 채도가 증가한다는 것은 색상이 뚜렷해지는 것이며, 따라서 면적이 커질수록 색상이 뚜렷이 나타나게 된다.

2 다음 중 색료의 혼합에 있어 1차색에 해당하는 색은 무엇인가?

① 마젠타, 시안, 녹색　　② 마젠타, 시안, 노랑

③ 빨강, 노랑, 파랑　　④ 빨강, 녹색, 파랑

3 색채의 연상 작용 중 올바르지 않은 것은?

① 정열, 혁명, 활력, 흥분, 에너지 등의 추상적 연상 작용을 일으키는 색은 '빨강'이다.

② 애정, 식욕, 온화, 희열, 유쾌, 악동 등의 연상 작용을 일으키는 색은 '녹색'이다.

③ 고귀, 추함, 고독, 창조, 신비, 우아, 신성 등의 연상 작용을 일으키는 색은 '보라'이다.

④ 죽음, 공포, 악마, 허무, 절망, 침묵, 엄숙 등의 연상 작용을 일으키는 색은 '검정'이다.

4 색의 배색 효과 중에서 강조 효과를 표현하는 방법이 잘못된 것은?

① 단조로운 배색에 대조적인 배색을 사용한다.

② 액세서리나 스카프를 이용하여 강조 효과를 사용할 수 있다.

③ 강조되는 색의 면적을 넓게 사용할수록 효과가 좋다.

④ 무채색의 기본 배색에는 원색의 사용이 강조 효과에 적합하다.

5 세퍼레이션(separation) 배색 설명으로 맞지 않는 것은?

① 분리 배색

② 배색에서 접하게 되는 두 색 사이에 다른 한 색을 분리색으로 삽입

③ 배색과 관계가 모호하거나 대비가 너무 강한 경우 사용

④ 원색일 경우만 해당

6 폴리에스터는 T/C(면과 혼방), T/W(모와 혼방) 섬유와 같이 혼방에 주로 쓰이는데, 그 이유로 적당하지 않은 것은?

① 천연섬유에서 부족한 염색성을 높인다.

② 흡습성이 적은 결점을 보완한다.

③ 구김이 적고 형태 안전성이 좋다.

④ 부드럽고 매끄러운 촉감을 얻을 수 있다.

7 탄성력이 뛰어나 속옷 파운데이션용으로 많이 사용되는 인조섬유는?

① 폴리에스터   ② 폴리아크릴

③ 스판덱스   ④ 아세테이트

8 다음 중 직조와 그 성질이 바르게 연결되지 못한 것은?

① 수자직 : 내마모성   ② 편성물 : 신축성

③ 첨모직 : 보온성   ④ 평직 : 내구성

9 능직으로 짜인 옷감으로 묶인 것은?

① 양단, 공단   ② 서지, 개버딘

③ 우단, 코듀로이   ④ 포플린, 옥양목

10 섬유의 재료 제조 과정이 섬유 → 실 → 방직 과정인 것은?

① 편물   ② 부직포   ③ 직물   ④ 벨트

11 양모 섬유는 알칼리 상태에서나 뜨거운 곳에서는 마찰하면 서로 엉키는 특성이 있다. 이 성질은 (㉠)이라 하며 이를 이용하여 제작한 원단을 (㉡)라 한다. 빈칸에 알맞은 말끼리

짝지어진 것은?

① ㉠ 축융성, ㉡ 펠트   ② ㉠ 방적성, ㉡ 펠트

③ ㉠ 축융성, ㉡ 저지   ④ ㉠ 방적성, ㉡ 저지

12 '모던(modern)'이라는 테마에 어울리지 않는 프린트 패턴은 무엇인가?

① 반 전통적이고 실험적인 하이테크적인 감각의 프린트 패턴

② 가공되지 않은 거친 느낌의 애니멀 패턴

③ 메탈릭컬한 색상의 기하학 프린트 패턴

④ 차갑고 탄력 있는 미래적인 프린트 패턴

13 빨강에 흰색을 섞었을 때 나타나는 결과는 무엇인가?

① 명도는 높아지나 채도는 낮아진다.

② 명도는 낮아지나 채도는 높아진다.

③ 명도와 채도 모두 높아진다.

④ 명도와 채도 모두 낮아진다.

14 인조섬유 중 아크릴섬유의 설명으로 옳지 않은 것은?

① 폴리우레탄을 주성분으로 한다.

② 세제나 표백제 사용이 자유로우나 열에 매우 약하다.

③ 양모와 비슷한 성질을 지니면서 워시 앤드 웨어성이 좋으므로 양모 대용으로 사용된다.

④ 머플러, 장갑, 양말, 각종 내의 등에 널리 사용된다.

15 다음 내용은 어떠한 배색 방법에 관해 기술한 것인가?

> 전체를 선명하게 통일하거나, 같은 톤으로 무지개처럼 여러 가지 컬러를 조합하여 색의 풍요로움을 전달하는데 유효하다.

① 악센트(accent) 배색

② 톤 온 톤(tone on Ton) 배색

③ 톤 인 톤(tone in ton) 배색

④ 그라데이션(gradation) 배색

16 계절 중 겨울 이미지에 해당하는 내용이 아닌 것은?

① 실제 나이보다 젊어 보이는 스타일이다.

② 시원하다, 딱딱하다, 섹시하다는 표현이 잘 어울린다.

③ 차가운 색 계열인 와인색, 엽색이 잘 어울린다.

④ 주로 동양인과 흑인에 많다.

17 견을 모방하여 인공적으로 만든 섬유로 흔히 인견이라고 부르는 인조섬유는?

① 나일론   ② 레이온   ③ 스판덱스   ④ 아세테이트

18 섬유의 가공법 중 물이 반발하여 표면에서 튀는 성질을 사용한 가공법은 무엇이라고 하는가?

① 실켓가공   ② 발수가공
③ 피치스킨가공   ④ 방수가공

19 색채 코디네이션 중 캐주얼에 대한 설명 중 맞는 것은?

① 전통성과 윤리성을 존중하고 풍요로움을 추구하는 사람들이 선호하는 이미지이다.

② 자연이 포용하고 있는 정다움, 온화함, 친근함 등을 표현하는 것이다.

③ 화사하고 사랑스러운 소녀의 분위기와 단정하고 정숙한 여성의 이미지로 장식적인 면이 강조된 스타일로 표현될 수 있다.

④ 고루하지 않고 자유분방한 분위기를 말한다.

20 직물의 기하학 패턴 중 도트(물방울)에 대한 설명 중 틀린 것은?

① 핀 도트는 아주 작은 물방울무늬로 여성스러운 이미지를 표현한다.

② 스위벌 도트는 문직물에 속하는 도티드 스위스 원단의 물방울무늬를 말한다.

③ 폴카 도트는 동전 크기의 물방울무늬로 눈에 잘 띄는 크기이다.

④ 팬시 도트는 무늬의 배열과 색상에 변화를 준 패턴으로 독특하고 개성적인 이미지를 표현한다.

21 색의 3속성 중에서 중량감에 가장 큰 영향을 미치는 것은?

① 색상   ② 명도   ③ 채도   ④ 톤

22 색채학에서 보통 Color Tree라고 하는 것은 무엇인가?

① 색환   ② 색 입체   ③ 색광의 분산   ④ 색상 차

23 살이 찐 사람이 날씬해 보이려면 어떤 색의 의상을 입는 것이 바람직한가?

① 고채도의 빨강   ② 고명도의 파랑

③ 저명도의 빨강   ④ 저채도의 파랑

24 연속된 단계적인 배열을 통해 자연스러운 배색의 효과를 볼 수 있는 배색기법은 무엇인가?

① 톤 인 톤(tone in ton) 배색   ② 세퍼레이션(separation) 배색

③ 그라데이션(gradation) 배색   ④ 악센트(accent) 배색

25 연속배색에 대한 설명 중 옳은 것은?

① 애매한 색과 색 사이에 뚜렷한 한 가지 색을 삽입하는 배색이다.

② 색상이나 명도, 채도, 톤 등이 단계적으로 변화하는 배색이다.

③ 셋 이상의 색을 사용하여 되풀이하고 반복함으로써 융화성을 높이는 배색이다.

④ 단조로운 배색에 대조 색을 추가함으로써 전체의 상태를 돋보이게 하는 배색이다.

26 다음 중 다림질 온도(내열성)가 높은 순서로 나열한 것은?

① 모, 면, 합성섬유, 견   ② 합성섬유, 견, 면, 모

③ 면, 모, 합성섬유, 견   ④ 면, 견, 모, 합성섬유

27 견섬유의 용도와 관리 설명 중 틀린 것은?

① 세탁은 드라이클리닝이 안전하다.

② 일광에 의한 색상의 변화를 막기 위해 그늘에서 말린다.

③ 내중, 내균성이 좋아 좀에 의한 침식이 양모보다 우수하다.

④ 다리미 온도는 150도 이상으로 고온에서 견디는 성질이 좋다.

28 다음 중 전통적인 패턴에 속하지 않는 것은?

① 페이즐리 패턴   ② 헤르메스 패턴

③ 트로피컬   ④ 바틱 패턴

29 보온성은 섬유의 함기율에 영향을 받는다는 점에서 직물보다 함기율이 높은 편물은 겨울성 소재로 많이 이용된다. 그러나 바람 부는 추운 날에 두꺼운 스웨터만 입고 외출하면 보온 효과가 떨어진다. 그 이유는?

① 직물보다 통기성과 투습성이 향상되기 때문
② 열전도율과 흡습성이 크기 때문
③ 형태 안전성은 좋으나 조직이 엉성하여 신축성이 크기 때문
④ 스웨터 재료로 사용된 실에 방수 처리가 되지 않았기 때문

30 다음 중 사용 용도에 따라 적절하게 섬유를 선택 또는 구매한 사례는?

① 동절기 교복 원단으로 모와 폴리에스터가 혼방된 소재를 선택했다.
② 야외에서 오랜 작업을 위해 나일론 소재를 선택했다.
③ 여름용 남성 정장을 위해 나일론 소재를 선택했다.
④ 부드럽고 우아한 드레스를 만들기 위해 면 소재의 원단을 구입했다.

▎정답

1	2	3	4	5	6	7	8	9	10	11	12	13	14	15
①	②	②	③	④	①	③	①	②	③	①	②	①	①	③

16	17	18	19	20	21	22	23	24	25	26	27	28	29	30
①	②	②	④	③	②	②	④	③	②	④	④	③	①	①

1 패션 감각을 높이기 위한 이미지 연출로 부적절한 것은?

① 자신의 모습에 자신감을 갖는다.

② 자신의 체형을 정확히 파악한다.

③ 멋쟁이들을 잘 관찰한다.

④ 신체적 결점은 적극적으로 가려야 한다.

2 패션 테마에 따른 패브릭의 특징에 대한 설명이다. 가장 맞는 것은?

① 소피스티케이티드(sophisticated) : 경쾌하고 활동적이며 생동감 있는 기능적인 이미지이며 데님이 대표적이다.

② 에스닉(ethnic) : 남성 취향의 여성 패션 이미지로 가는 줄무늬의 소재가 가장 일반적인 매니시 이미지의 소재이다.

③ 로맨틱(romantic) : 자연스럽고 부드러우며 친근한 서민적인 정취와 편안한 이미지로 굵은 마직물과 코듀로이 제품이 대표적인 직물이다.

④ 엘레강스(elegance) : 성숙하고 화려한 이미지를 나타내며 실크, 시폰, 모피 등의 전통적이고 고전적인 소재가 적합하다.

3 현대 패션과 액세서리에 대한 설명이 맞지 않는 것은?

① 제2차 세계대전 동안 대부분의 패션 사치품은 사라졌지만 모자는 예외였다.

② 1920년대 샤넬은 코스튬 주얼리를 소개하여 큰 호응을 얻었다.

③ 1950년대에는 앞 끝이 둥글고 굽이 두꺼운 웨지 슈즈와 플랫폼이 유행했다.

④ 1960년대에는 큼직한 장신구와 함께 플라스틱으로 된 커다란 선글라스가 유행했다.

4 체형별 코디네이션의 기본 원리가 아닌 것은?

① 체형의 장단점을 파악하여 장점은 부각하고 단점으로는 시선이 가지 않게 해야 한다.

② 색상이나 디자인, 문양이나 패턴을 이용해 착시현상을 유도한다.

③ 메이크업과 헤어스타일도 체형에 맞게 조화를 시켜 결점을 보완한다.

④ 체형 보완보다는 트렌드를 따라야 세련되어 보인다.

5 모래시계 체형의 특징으로 맞는 것은?

① 상체와 하체는 균형 잡혀 보이지만 허리는 볼륨이 없어 굵어 보인다.

② 가슴과 엉덩이는 넓고 볼륨이 있지만 허리는 매우 가는 체형이다.

③ 살이 거의 없으며 엉덩이와 어깨가 좁고 허리와 팔다리가 가늘다.

④ 상체보다 하체가 크거나 넓어 보이는 체형이다.

6 키가 작은 모델에게 원피스를 착장하려 한다. 다음 원피스 중 키가 커 보이는 효과를 줄 수 있는 원피스는?

① 중앙에 두 개의 가까운 세로선이 있는 원피스

② 양쪽 옆선 가까이에 세로선이 한 줄씩 있는 원피스

③ 가슴, 허리, 힙에 가로선이 있는 원피스

④ 어깨와 치마 단에 가로선이 몰려있는 원피스

7 다음은 어떤 종류의 코디네이션인가?

서로 반대되는 이미지의 결합으로 로맨틱 감각과 스포티 감각의 조화, 도회적 감각과 전원풍 감각의 조화, 속옷과 겉옷처럼 용도가 다른 의상의 조화, 전통과 혁신의 조화 등과 같은 방법이다.

① 형태에 의한 크로스오버   ② 색채에 의한 크로스오버

③ 소재에 의한 크로스오버   ④ 감각에 의한 크로스오버

8 다음은 어떤 코디네이션 기법인가?

여러 가지 스타일의 의복을 몇 겹 겹쳐 입는 것으로 레이어드 룩과 관계있다. 개성이 강하고 자기주장이 분명한 사람에게 어울리는 스타일 연출이다.

① 시프트 코디네이션   ② 옵셔널 코디네이션

③ 슈퍼 코디네이션   ④ 시즈너블 코디네이션

9 핸드백 코디네이션으로 적당하지 않은 것은?

① 핸드백의 크기는 키에 비례하는 것이 좋다.

② 파티용으로는 어깨에 끈이 있는 백이 적당하지 않다.

③ 대개 큰 백일수록 드레시한 분위기보다는 캐주얼한 분위기에 어울리는 것이 많다.

④ 예복용과 일상용 가방은 중간 크기로 준비하는 것이 좋다.

10 다음 중 패션 코디네이션에 대한 설명 중 틀린 것은?

① 코디네이션이란 '대등, 조정, 통합' 등의 뜻을 지니며, 이 용어가 사용된 것은 1980년대부터이다.

② 패션 코디네이션은 단순히 패션만이 아니라 그 사람의 라이프스타일, 사회 환경까지 포함한 조화여야 한다.

③ 개성화의 경향으로 단품 지향에서 토털 코디네이션 지향으로 바뀌면서 중요한 개념이 되었다.

④ 20세기 후반의 캐주얼화 경향이나 레이어드 경향이 영향을 미쳤다.

11 품위 있고 우아하며 고상하다. 또 온화하며 단정하고 정숙한 여성스러운 분위기를 가진 이미지로 인체의 곡선미를 살려 둥근 어깨선, 부풀린 가슴선, 잘록한 허리선을 강조한 패션 이미지는?

① 클래식(classic) 이미지

② 페미닌(feminine) 이미지

③ 에스닉(ethnic) 이미지

④ 아방가르드(avant-garde) 이미지

12 다음 중 룩과 의복 아이템의 연결이 틀린 것은?

① 라이더스 룩 – 가죽점퍼와 팬츠, 쇠붙이 장식

② 플래퍼 룩 – 엠파이어 드레스, 진주 목걸이

③ 코스모코르 룩 – 우주복 스타일의 보디슈트, 헬멧형 모자

④ 히피 룩 – 집시 스커트, 인디언 스타일의 헤어밴드

13 둥근 크라운과 부드럽고 넓은 챙을 가진 우아한 모자로 1930년대 그레타 가르보가 즐겨

착용했던 모자는?

① 튤립 햇(tulip hat)   ② 보닛(bonnet)

③ 캐플린 햇(capeline Hat)   ④ 파나마 햇(panama Hat)

14 다음 중 피스 코디네이션에 해당하지 않는 것은?

① 베스트 온 아우터   ② 재킷 온 재킷

③ 스카프 온 드레스   ④ 팬츠 온 스커트

15 얼굴이 긴 형일 때 고려해야 할 사항이 아닌 것은?

① 어깨를 덮는 긴 머리가 좋다.

② 목에 가까이 있는 액세서리는 피하는 것이 좋다.

③ 길이 감이 없는 부착형 귀걸이가 좋다.

④ 단발형의 헤어가 무난하며 가급적 가르마는 피하는 것이 좋다.

16 다음 중 어깨가 넓은 사람이 피해야 할 의상은?

① H라인의 테일러드슈트

② Y자형의 실루엣이 드러나는 드레스

③ 심플한 디자인의 어두운 컬러의 원피스

④ 미나레트(minaret) 실루엣의 투피스

17 다음은 어떤 패션을 설명한 것인가?

> • 속을 뒤집는다는 뜻으로 안쪽을 겉으로 노출한 디자인이다.
> • 1970년대 초 소니아 리켈과 1980년대 레이 가와쿠보가 발표한 이래 유행하기 시작했다.

① 믹스매치(mix-match) 룩

② 인사이드 아웃(inside Out) 룩

③ 이너(inner) 룩

④ 시스루(see-through) 룩

18 다음 중 도회적인 감성과 관계없는 이미지는?

① 소피스티게이티드(sophisticated) 이미지

② 모던(modern) 이미지

③ 매니시(mannish) 이미지

④ 프리미티브(primitive) 이미지

19 끈으로 묶어 다리에 꼭 맞게 신는 부츠를 무엇이라 하는가?

① 레이스업(lace-up) 부츠

② 집업(zipper-up) 부츠

③ 엔지니어(engineer-up) 부츠

④ 스타킹(stocking) 부츠

20 이너센트 룩에 관한 설명 중 바르지 않은 것은?

① 소녀 취향의 장식성이 강한 패션이다.

② 청순한, 순수한, 순진한 이란 뜻이다.

③ 청초한 분위기에 티 없이 맑고 깔끔한 인상을 원하는 20대 전후의 여성들에게 어울리는 패션이다.

④ 현대적인 이너센트는 참신한 멋을 강조하며 단정함보다는 발랄함을 추구한다.

21 특정 상황별 패션 스타일링 중 맞선 상황에 대한 설명 중 바르지 않은 것은?

① 화려한 원색 계통의 옷보다는 파스텔 톤의 치마 정장이 가장 무난하다.

② 지적이면서 차분한 면을 강조하는 옷을 입는 것이 좋다.

③ 액세서리는 상대방에게 느낌을 강하게 주기 위하여 대담한 문양이나 자극적인 것을 포인트로 착용해도 무방하다.

④ 향수는 강한 향보다 깨끗하고 순수한 느낌의 프레시한 향을 선택하는 것이 좋다.

22 연극 및 무대의상 스타일링의 필수 요건이 아닌 것은?

① 예술적 감각

② 디자인 패턴 감각

③ 시대 문화적 배경연구

④ 무대의상의 기술적 측면의 이해

23 다음은 어떤 패션에 대한 설명인가?

> 19세기에서 20세기에 걸쳐 유럽식민지 시대 백인들이 선호하던 감각이나 이미지의 패션으로, 사파리 스타일 등이 대표적이며 식민지 나라들의 열대문양이 사용되고 주로 카키색이나 베이지색 계열 등이 많다.

① 컨트리(country) 이미지

② 트로피컬(tropical) 이미지

③ 콜로니얼(colonial) 이미지

④ 에스닉(ethnic) 이미지

24 펑크(punk) 패션에 대한 설명 중 맞지 않는 것은?

① 파괴적이고 도발적이며 불쾌감을 주는 패션이다.

② 1960년대 후반에 영국 하류층 젊은이들 사이에서 나타났다.

③ 펑크 룩 그룹인 섹스 피스톨즈의 의상이 대표적이다.

④ 모히칸 · 스파이크 헤어스타일, 면도칼, 쇠사슬 등의 액세서리가 특징적이다.

25 다음 패션이 나타난 시대순으로 바르게 정리된 것은?

① 펑크 룩 – 히피 룩 – 에콜로지 룩

② 펑크 룩 – 에콜로지 룩 – 히피 룩

③ 히피 룩 – 펑크 룩 – 에콜로지 룩

④ 에콜로지 룩 – 히피 룩 – 펑크 룩

26 의복디자인 선의 착시를 이용한 의복 연출이다. 다음 설명 중 바르지 않은 것은?

① 키가 작은 체형 – 앞여밈 선이 강조된 원피스

② 키가 큰 체형 – 허리 요크 선이 강조된 스커트

③ 키가 큰 체형 – 선명한 가로줄 무늬가 연속되는 원피스

④ 키가 작은 체형 – 단색의 롱 원피스 드레스

27 모던 이미지와 다소 거리가 먼 패션은?

① 매니시   ② 심플리시티

③ 아방가르드 이미지   ④ 노스텔직 이미지

28 다음 중 어린이집 교사 복장으로 적절하지 않은 것은?

① 머리는 단정하게 묶거나 부스스하지 않게 정리한다.

② 항상 귀엽고 공주 같은 의복을 착용한다.

③ 어린이들을 돌보는 데 문제가 없도록 활동성 있게 입는다.

④ 유행이라도 지나치게 찢어진 청바지는 삼간다.

29 다음 중 (   )에 맞는 패션용어가 바른 순서로 짝지어진 것은?

> 패션 전파에서 첫 단계는 (   )(으)로 발표되며, 그다음 많은 사람의 공감을 얻으면
> (   )(으)로 대중화되고, 그 후 (   )(으)로 정착되거나 소멸된다.

① 모드 – 스타일 – 패션   ② 모드 – 패션 – 스타일

③ 패션 – 모드 – 스타일   ④ 패션 – 스타일 – 모드

30 기업의 마케팅 활동에서 특히 환경문제를 고려하여 관리함으로써 궁극적으로 인간의 삶을 증진하는 데 공헌해야 한다는 마케팅 관리 이념은?

① 통합적 마케팅   ② 전사적 마케팅

③ 자연 마케팅   ④ 그린 마케팅

▌정답

1	2	3	4	5	6	7	8	9	10	11	12	13	14	15
④	④	③	④	②	①	④	③	④	①	②	②	③	③	①

16	17	18	19	20	21	22	23	24	25	26	27	28	29	30
②	②	④	①	①	③	②	③	②	③	③	④	②	②	④

참고문헌

- 권성재 · 장안화(2010). 패셔니스타를 위한 패션 스타일링. 수학사.

- 김성련(2009). 피복 재료학. 교문사.

- 김영인 외 9인(2006). 룩 패션을 보는 아홉 가지 시선. 교문사.

- 김윤아(2016). VMD비주얼 머천다이징. 미래의 창.

- 김진환(2002). 색채의 원리. 시공사.

- 김현영(2003). Color Color Color. 예경.

- 김혜경(2007). 패션 트렌드와 이미지. 교문사.

- 류문상(2012). 패션 바잉. 경춘사.

- 심낙훈(2015). 비주얼 머천다이징 & 디스플레이. 우용출판사.

- 서은영(2008). MIX & MATCH. 스타일북 두 번째 이야기. 시공사.

- 오경화 · 김정은 · 구미지 · 성연순 · 김세나(2009). 패션 이미지 업. 교문사.

- 우석진 · 영진정보연구소(2010). 컬러리스트. 영진닷컴.

- 유지헌 · 김경선 · 김소진 · 김민경 옮김(Sara J. Kadolph 저)(2013). 텍스타일. 시그마프레스.

- 이기열 · 김현정(2017). 패션상품과 샵마스터. 수학사.

- 이미현 · 이소은(2011). 비주얼 머천다이징과 디스플레이. 파워북.

- 이민정(2014). 옷장에서 나온 인문학. 푸른 들빛.

- 이선배(2009). 잇 스타일+잇 걸. 넥서스Books.

- 이정순 · 신인호(2012). 색채이론과 실기. 충남대학교 출판문화원.

- 이현미 외 5인(2008). 패션 스타일리스트. 시대고시기획.

- 이호정 · 정송향(2010). 패션 머천다이징 실제. 교학연구사.

- 이혜영(2009). 이혜영의 패션 바이블. 살림 LIFE.

- 정지영 · 이기열 · 김주경 · 김은희(2010). 패션 스타일링 뷰. 수학사.

- 조연진(2010). All That Styling. 아이엠 북.

- 최경원(2007). 붉은색의 베르사체 회색의 아르마니. 길벗.

- 팀 건 · 케이프 몰로니. 이영진 역(2009). 팀 건의 우먼스타일 북. 웅진리빙하우스.

- 함유선(2006). 패션쇼를 지휘하라. 북하우스.

- 백형은 · 김용숙(2011). 20대 여성소비자들의 패션감성 추구에 따른 토털 코디네이션 특성, 복식문화학회지 : 복식문화연구. V.19.no.6. pp.1163~1176.

- Brown, Little(2006). *Instyle instant style*. instyle magazine(EDT).

- Farr, Kendall(2004). *The Pocket stylist*. Gotham Books.

- Colin McDowell(1992). *Hats: Status. Style and Glamour*. Rizzoli. Derycke, Luc, & Veire.

- Seeling, Charlotte(2000). *Fashion The Century of the Designer 1900-1999*. Cologne : Köemann.

▌웹 사이트

- 나무 위키   https://namu.wiki/w.가죽

- 네이버 지식백과 패션전문자료사전   http://terms.naver.com/search.nhn?query

- 칵테일 드레스[cocktail dress](1997. 8. 25). 한국사전연구사.

- 위키백과   https://ko.wikipedia.org/wiki/자수(공예). 2015. 5. 18.

- (재)한국 컬러 앤드 패션 트랜드 센터   http://www.cft.or.kr/ "패션 컬러 스타일 정보제공 (2016년 트랜드)".

- 대한상공회의소 http://www.korcham.net/
- 패션, 화장품 산업 신상품 홍보 모바일 서비스 사업설명회. 2011.08.24. http://www.korcham.net/nCham/Service/Event/appl/KcciNewsDetail.asp?DATA_ID=20110705001K000&CHAM_CD=A001&BIZ_SEQ=000

▌ 이미지 출처

- Baudot, Françis(1999). A Century of Fashion. London: Thames & Hudson.
- Brent Luvaas(2016). Street Style An Ethnography of Fashion Biogging. Bloomsbury Academic
- Gap collections, 2017 AUTUMN & WINTER PRET−A−PORTER, NEW YORK/LONDON, MILAN, PARIS, (주)gap collections
- Gap collections, 2018 SPRING & SUMMER PRET−A−PORTER, NEW YORK/LONDON, MILAN, PARIS, (주)gap collections
- Glamour Magazine UK(2016. 10. 19). Leanne Bayley. 작성자 Olivia Palermo
- Pret−A−Porter collection 2017 fall & winter(2017). (주)gap collections
- Pret−A−Porter collection 2018 spring & summer(2017). (주)gap collections
- STREET, No.298(2016. 8). milano fashion week
- STREET No.300(2016.10). paris fashion week part2
- STREET No.302. 2017. 1.
- styler by 주부생활 2017. 4. vol.625
- http://100.daum.net/encyclopedia/view/47XXXXXd1120
- https://adsoftheworld.com/media/print/harvey_nichols_reborn_2
- http://atelier−miro.co.kr/220734496153/2017−10−12 http://atelier−miro.co.kr/220734496153?Redirect=Log&from=postView
- http://blog.daum.net/hong5555ji/3/20110324
- http://lapparel.wordpress.com/planning−garment−design/ladies−casual−dress
- https://lookastic.com/women/black−flat−cap/shop/suede−newsboy−hat−94449
- https://m.bloomingdales.com/shop/search?keyword=Feragamo%20twilly%20scarf

- http://m.bunjang.co.kr/search/products8/20171021
- http://m.news.naver.com/read.nhn?mode=LSD&mid=sec&sid1=103&oid=016&aid=0000745742. 헤럴드 경제 네이버뉴스. 2015.06.23
- http://m.store.musinsa.com/app/product/detail/44227
- http://magazine2.movie.daum.net/movie/45294 (원출처 https://www.netflix.com/kr/)
- http://mininga-univers.tumblr.com/post/141541909499. ilya1an
- http://moldesedicasmoda.blogspot.com/20171008
- http://quasar1125.egloos.com/286533
- http://row.jimmychoo.com/en/men/shoes/brogan/black-croc-printed-dry-suede-driving-shoes-BROGANCDD010003.html
- http://row.jimmychoo.com/en/women/shoes/wedges
- http://row.jimmychoo.com/en/sale/women-sale/shoes/ren-100/pink-suede-sandals-REN100SUE110006.html?cgid=sale-women-shoes#start=1
- http://row.jimmychoo.com/en/women/shoes/wedges
- http://row.jimmychoo.com/en/sale/women-sale/shoes/ren-100/pink-suede-sandals-REN100SUE110006.html?cgid=sale-women-shoes#start=1
- http://runway.vogue.co.kr/spring-2015
- http://runway.vogue.co.kr/fall-2015/
- http://runway.vogue.co.kr/spring-2016/
- http://runway.vogue.co.kr/fall-2016/
- http://runway.vogue.co.kr/spring-2017/
- http://runway.vogue.co.kr/fall-2017/
- http://runway.vogue.co.kr/spring-2018/
- https://shop.mango.com/kr
- http://theretailplanner.com/tag/menswear/Unconventional streetwear pavillion at Pitti Uomo AW15
- https://www.amazon.com/Japanese-Style-Bomber-Hat-Trapper/dp/B016F79VLU
- https://www.barbour.com/coastal/20171016

- http://www.brooksbrothers.co.kr/product/view.asp/ProductNo=4229, =4023
- http://www.dailybillboardblog.com/2012/05/22/trio-day-forever-21-fashion-billboards.html
- http://www.digitalcitizen.ca2015/01/13/a-practical-fashion-picture-dictionary-using-infographics sleeve-types-names-terms-fashion-infographic/main
- http://www.eonline.com/news/827919/lady-gaga-why-i-spoke-out-against-super-bowl-body-shaming. 2017.02.10
- http://firstladies.org/curriculum/educational-biography.aspx?biography=36
- http://www.firstview.com
- http://www.fractals.it
- http://www.giorgioarmani.com
- https://www.google.co.kr/m.blog.ohmynews.com/dogs1000/1157482
- http://www.instagram.com/
- 24thofaugust 20161208/a_unefille coffeeman 20170807 /adelaide_denim 20171016/ angel Chen fw tera_feng 20171001/bleumode milan 20161103@valeriasemu, loewe 20170304, loewe 20170417/cupro 20170329/gatpacoorim 20170225 20170516 20170521 20170606 20170711 20170902 /glamometer 20171010/hellostyfi 20170530/ maryljean 20161207 20170306/netaporte 20170508 Ruth Wilson,/permilleteisbaek 20170802/sibo_fashion 20170728/streetstylegallery 20170804 20170805/stylecaster 20170218, 20171018 /usedselectsshopash 20171021/
- http://www.lovesbeauty.co.kr/news/articleView.html/idxno/ 2479
- http://www.maisonmargiela.com/wx/maison-margiela/casual-pants_cod13035688vr.html#dept=pnts
- https://www.minnetonkamoccasin.com/
- http://www.moldesedicasmoda.blogspot.com/20171008
- http://www.rishnewbery.com/knowledge/design/garment-lengths/skirt-length-names
- http://www.plushmere.com
- http://www.samsungdesign.net

- http://www.style.com/fashion-shows/pre-fall-2017/rochas/slideshow/collection#2
- https://www.theodysseyonline.com/crew-clearance-favorites/20171023
- http://www.urbanwallcovering.com/product-p/elitis-anguille-vp-424-11.htm/20171023
- http://www.vogue.co.kr/2014.06.18. 지금 당신이 알아야 할 패션 용어들. 송보라.
- http://www.trishnewbery.com/knowledge design/garment-lengths skirt-length-names
- http://www.dongjinl.co.kr/pmCenter/cfGalleryList.asp
- www.instagram.com/maisonvalentino
- https://www.theody/SSeyonline.com/crew-clearance-favorites
- www.dailybillboardblog.com/201205 22/trio-dayforever-21-fashionbillboards.html

찾아보기

ㄹ

ㅁ

저자소개　　윤미경
- 이화여자대학교 조형예술대학 섬유예술과 졸업
- 이화여자대학교 대학원 졸업
- 성신여자대학교 대학원 섬유전공 박사 수료
- Textile Studio 상임연구원 Harbourfront Center Toronto, Canada
- 현 한양여자대학 패션디자인과 교수

장안화
- 경희대학교 대학원 의상학과 이학박사
- F.I.T. Fashion Design 전공(뉴욕)
- 삼성물산 에스에스패션 수석디자이너 역임
- 경남대학교 패션의류학과 조교수 역임
- 현 한양여자대학교 외래교수

패션 스타일링

초판 2쇄 발행　　2020년 8월 10일
초판 1쇄 발행　　2018년 2월 28일

지은이　　윤미경 · 장안화

발행인　　이영호
발행처　　수학사
　　　　　　06653 서울특별시 서초구 효령로 263
출판등록　　1953년 7월 23일 No.16-10
전화번호　　02) 584-4642(代)　　**팩스**　　02) 521-1458
　　　　　　http://www.soohaksa.co.kr
디자인　　박희정
ⓒ 윤미경 외, 2018

정가 22,000원

ISBN 978-89-7140-180-4 (93590)